住まい、食べ物、接し方、病気のことがすぐわかる！

リス

THE SQUIRREL

著＊大野瑞絵　写真＊井川俊彦
Mizue Ohno　Toshihiko Igawa

小動物
飼い方上手になれる！

for beginner

誠文堂新光社

Tu es mon trésor précieux

CONTENTS もくじ

はじめに ……………………………… ⑩

chapter 1
リスを迎える前に …………… ⑪

- **リスってこんな動物** ………………… ⑫
  - シマリスの野生での暮らし ………… ⑫
  - わが家で暮らすリスの魅力 ………… ⑬
  - 体の特徴 ……………………………… ⑭
- **飼う前に考えておきたい大切なこと** … ⑯
  - 終生にわたって飼い続けて／
    生き物が家族になる意味を考えて …… ⑯
  - 外来種を飼う責任をもって／
    暮らしの変化が起きたとき ………… ⑰
  - 飼い始めるときに必要なもの・こと … ⑱
  - 飼い続けるために必要なもの・こと … ⑳
  - シマリス飼えますか？ チェックシート … ㉒
- **シマリスの選び方** …………………… ㉓
  - シマリスをどこで買う？／
    シマリスをいつ買う？ …………… ㉓
  - どんな子を迎えるか ………………… ㉔
  - 健康な個体を選ぶ …………………… ㉕

column
リスの仲間たち ………………………… ㉖

chapter 2
リスの住まい ………………… ㉗

- **おすすめレイアウトはこれ** ………… ㉘
  - 樹上も地上も再現させたい ………… ㉘
  - レイアウトのポイント ……………… ㉙
  - ケージの選び方 ……………………… ㉚
  - 飼育グッズ …………………………… ㉜
- **ケージの置き場所** …………………… ㊱

column
法律にみる飼育の責任 ………………… ㊳

chapter 3
リスの食事 …………………… ㊴

- **毎日の食事はこれ** …………………… ㊵
  - 雑穀やリスフードを中心に ………… ㊵
  - 主食 …………………………………… ㊶
  - 副食 …………………………………… ㊷
  - おやつ ………………………………… ㊹
- **そのほかのポイント** ………………… ㊻
  - 食べ物の保存／飲み水 ……………… ㊻
  - 食べ物を貯蔵する時期の注意点 …… ㊼
  - ライフステージごとのポイント …… ㊽
  - 与えてはいけないもの ……………… ㊾

column
リスよもやま話 ………………………… ㊿

chapter 4
リスの世話 …………………… 51

- **毎日の世話はこれ** …………………… 52
  - リスの一日 …………………………… 52
  - 毎日の世話 …………………………… 53
  - ときどきの世話 ……………………… 54
  - シマリスの扱い方 …………………… 55
- **幼いリスの世話** ……………………… 56
  - 幼いリスを迎える準備 ……………… 56
  - 幼いリスの食事／
    そのほかの子リスのケア ………… 57
- **季節対策** ……………………………… 58
  - 暑さ対策 ……………………………… 58
  - 寒さ対策 ……………………………… 59

ペットのシマリスの冬眠 …………… 60
■ グルーミング ……………………… 61
　本来はリスが自分でやるもの／
　　　　　　伸びすぎたら爪切りを …… 61
■ 生活ルールを教えよう …………… 62
　トイレの教え方 ………………… 62
　そのほかに教えておきたいこと …… 63
■ 家を留守にするとき ……………… 64
　シマリスの留守番 ……………… 64
　シマリスを連れていく ………… 65

column
　シマリスの明日を考える ……… 66

chapter 5
リスとのコミュニケーション 67

■ よりよい関係作りのために ……… 68
　慣らすことの必要性 …………… 68
　シマリスを迎えたら …………… 69
　シマリスの慣らし方 …………… 70
■ リスと遊ぼう ……………………… 72
　シマリスに欠かせない「遊び」 …… 72
　ケージ内での遊び ……………… 73
　部屋に出すときの注意点 ……… 74
■ 家庭でもみられる行動＆しぐさ …… 76
　シマリスの鳴き声／シマリスの感覚 …… 78
　シマリスの気が荒くなること …… 79

column
　脱走したとき・保護したとき …… 80

chapter 6
リスの健康管理 81

■ リスの健康のために ……………… 82
　シマリスを守るのは飼い主さん …… 82
　かかりつけ動物病院をみつけよう …… 83

　季節ごとの健康管理 …………… 84
　年齢別の健康管理 ……………… 86
　シマリスの健康チェック ……… 87
　健康チェックのポイント ……… 88
■ シマリスにみられる症状 ………… 90
　シマリスに多い病気 …………… 90
　食べ方の異変 …………………… 90
　便の異常 ………………………… 91
　鼻水／体重の減少 ……………… 92
　尿の異常／元気がない ………… 93
　脱毛／しっぽのトラブル ……… 94
　足を引きずる／目やに ………… 95
　できもの／かゆがる …………… 96
　人と動物の共通感染症 ………… 97

column
　知っておきたい、ペットロスのこと …… 98

chapter 7
もっと知りたい Q&A 99

Q ダイエットの方法は？ …………… 100
Q 子どもにも飼えますか？ ………… 101
Q 同じ行動を繰り返していますが？ …… 102
Q レタスはあげたらだめなの？／
Q 給水ボトルの使い方を教えるには？ …… 103
Q 災害への備えはどうしたらいい？ …… 104
Q 止まり木は自作できる？／
Q サプリメントはあげたほうがいい？ …… 105
Q ほかの動物と一緒に飼える？ …… 106
Q 繁殖をさせたいです …………… 107
Q 粉薬をどうやって飲ませるの？／
Q 高齢でケージから落ちることがあります …… 108
Q シマリスの年齢、人間でいうと？ …… 109
Q いろいろなリスが見たい ……… 110

INTRODUCTION
はじめに

シマリスを迎えるあなたへ

　お部屋の中に小さな野生の世界を持ち込んでくれる動物、それがシマリスです。所狭しと飛び回ったり、ほっぺにたくさんの食べ物を詰めて運んだりする姿は、森の中での暮らしの一端を垣間見せてくれるようです。

　こちらの思うようにならない野生的なところも、心を許してのんきな顔を見せてくれるかわいいところも、すべてがシマリスの魅力です。もし縁があってあなたのおうちにシマリスがやってくることになったら、どうかたくさん、そしてずっとずっと愛してあげてくださいね。

　この本では、初めてシマリスを迎える方たちを対象に、シマリスの基本的な飼い方をご紹介しています。皆さんがシマリスとの暮らしを始めるときの助けとなることを願っています。

2015年2月
大野瑞絵

The Squirrel
Before keeping

chapter 1

リスを迎える前に

The Squirrel　　　　Before keeping

リスってこんな動物

シマリスの野生での暮らし

　ペットとしておなじみのシマリス。彼らと一緒に暮らすには、もともとの暮らしを理解することがとても大切です。

　野生のシマリスは、森の中で暮らしています。行動範囲は、木の上と地面の上の両方です。木に登ったり、枝から枝へと飛び移ったりするのも上手ですが、多くの時間を地面の上で活動します。巣は、木の洞や地下にあります。地下の巣は、自分でトンネルを掘って作ります。

　シマリスは単独生活をする動物です。幼いころの短い期間だけはお母さんやきょうだいと一緒に暮らしていますが、あとは1匹でたくましく生きています。

　リスの仲間の中にはモモンガのような夜行性の動物もいますが、シマリスは昼行性。夜が明けたら活動を始め、日が暮れる頃には巣に戻って眠ります。起きている間は、自分の行動範囲の中で餌を探したり、繁殖シーズンにはお相手を探したりしています。

　食べているものは、主に木や草の種や実、花や芽などです。ほかには昆虫などを食べることもある「雑食性」です。

　シマリスの特徴といえば大きな頬袋。みつけた木の実などの食べ物を頬袋にたくさん入れて、安全な場所まで運んでから食べたり、自分の巣に持ってかえって貯蔵します。地面のあちこちに穴を掘って隠しておくこともありますが、そのまま忘れていたり他のリスが食べてしまうこともあります。

　シマリスは春に繁殖シーズンを迎え、夏は活発に活動します。秋になると冬眠の準備を始め、冬は冬眠します。春になると冬眠から目覚めて繁殖シーズンに入るというのが、シマリスの1年です。

わが家で暮らすリスの魅力

いろいろなキャラクターにもなっているように、シマリスの魅力はなんといってもかわいらしい姿。目をとりまく白い縞が、くりっとした目を引き立てています。普段はしゅっとした顔なのに、食べ物をほっぺに詰め込むと、なんともユニークな顔になります。

シマリスは感情表現もゆたか。一緒に遊ぶときは楽しそうだし、おやつをもらうときにはうれしそう。ときには怒っていることもあったりします。長いしっぽも感情をあらわしていて、怒っているときにふくらんだり、警戒しているときには振ってみたりします。

また、しっぽをきれいに毛づくろいしたり、顔掃除をするなど、シマリスはいろいろな仕草も見せてくれます。

今、ペットとして飼われているシマリスは、野生の世界から連れてこられたのではなく、繁殖施設で生まれた子たちですが、DNAに刻まれた野生動物らしさは、家庭の中でもたくさん見ることができます。たとえば、毎日たくさん食べ物をあげていても、食べ物を隠したがるところや、秋になると部屋の温度は暖かくても巣材を運んで冬支度をするところなどがそうです。

1匹1匹に個性があります。とてもよく慣れて警戒心がまるでなく、手の上で寝てしまうような子もいますし、人の体を登ったり降りたりするのが好きな子もいます。また、独立心旺盛で、人にかまわれるのは好きじゃないという子もいます。この子はどんなことが好きなのかな、と観察して、ストレスにならないちょうどいい付き合い方をさぐるのも、シマリスのように野生味の強い動物と暮らすときの楽しみのひとつです。

最近飼われるようになった小動物と比べれば、ペットとしての歴史は長いほうですが、それでも犬や猫に比べればわからないことがまだまだある動物です。どんなふうに飼ってあげたら元気で幸せなのかな、と考えるのもまた、シマリスと暮らす楽しさのひとつではないかと思います。

The Squirrel　　　　　Before keeping

Chapter 1 リスを迎える前に

体の特徴

頬袋
ほっぺには頬袋があり、木の実などを詰めて運びます

縞
背中には、濃い茶色の縞が5本あります。縞は顔にもあります

歯
上下2本ずつの切歯（前歯）は、ずっと伸び続けます

しっぽ
長さは体より少し短いくらい。全体が毛でおおわれています

● 体の大きさ

シマリスは、リスの仲間の中では小柄なほうです。頭胴長（頭からお尻まで）は12〜17cm、体重は50〜150ｇ。平均的な体重は90〜120ｇ程度でしょう。

● 背中の縞

背中にある5本の縞は、個体によって濃さに違いがあります。もともとの生息地の違いだと思われます。縞があるほうが目立ちそうですが、木陰や草むらではかえって目立たず、カムフラージュになるようです。

● 被毛

被毛は短めです。春と秋に換毛期があります。薄い茶色に濃い茶色の縞があるのが一般的ですが、まれに、白い毛色のシマリスもいます。

● 歯

切歯が上下4本、臼歯は18本の、合わせて22本です。犬歯はありません。歯の色は黄色っぽいのが普通です。切歯は、生涯にわたって歯の根元で歯が作られており、ずっと伸び続けます。ものを食べたり上下の歯をこすりあわせることで削られるので、普通は伸びすぎることはありません。

● 頬袋

左右の頬には頬袋があって、ドングリなら片側に2〜3個は入ります。

● 四肢

前足には4本、後ろ足には5本の指があります。爪はとても鋭く、穴を掘ったり木に登るのに適しています。

● 寿命

平均6〜10歳。6〜7歳くらいが多い印象がありますが、10歳を超えるシマリスもけっこう多いようです。

● 性別の見分け方

オスとメスとで体の大きさは同じくらいです。性別は生殖器を見て判断します。オス（下図左）は泌尿器と肛門までの間隔が広く、メス（下図右）は間隔が短いという違いがあります。オスは繁殖シーズンになると睾丸が大きくなり、目立ちます。

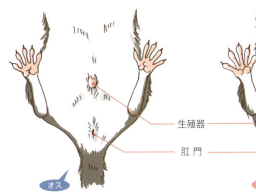
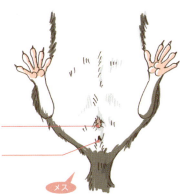

生殖器
肛門

オス　　メス

The Squirrel　　　　Before keeping

飼う前に考えておきたい大切なこと

終生にわたって飼い続けて

シマリスに限らず、動物を飼い始めたら、終生にわたって大切に飼い続けてください。かわいい姿に心を奪われて、衝動買いすることもあるかもしれませんが、できれば飼う前に、シマリスがどんな動物で、どんな世話が必要なのか、かわいいところだけでなく、どんなところが大変なのかも理解してから、飼うことを決めてください。そして迎えたら、毎日、きちんと世話をし、生涯にわたって大切に飼ってください。慣れにくい子や季節によって気が荒くなることもありますが、それも動物の個性と理解してください。縁あって出会った命です。飽きたりめんどうになったりせずに、ずっと愛してください。

生き物が家族になる意味を考えて

命ある生き物が家族に加わったら、それまでと違うこともたくさん起こります。忙しくて疲れていても、やることがたくさんあっても、毎日、掃除をしたり食事の用意をしなくてはなりません。ただ機械的に世話をするだけではなく、健康管理のためには、世話をしながらシマリスの様子をチェックすることも必要です。病気になったら看病をすることもあるでしょう。そんなときにはいつも以上に時間がかかるかもしれません。

暑い夏には、たった1匹の小さなシマリスが家にいるというだけで、人が誰もいないときでもエアコンをつけておく必要もあり、電気代がかさみます。病気になって動物病院に行けば、診療費もかかります。自分が旅行に行くときなどは誰かに世話を頼むことになります。家族はシマリスを迎えることを理解してくれているでしょうか。

シマリスの生息地

外来種を飼う責任をもって

　ペットとして飼われるシマリスは、もともと日本はいない動物「外来種」です。朝鮮半島や中国、シベリアなどに生息しています。ペットのシマリスは、中国から輸入されています。日本では北海道に、エゾシマリスが暮らしています。エゾシマリスは、ペットのシマリスと同じ「シマリス」という種類ですが、暮らす地域が違う別の亜種（種より下位の分類）です。

　ペットのシマリスは、環境省により、特別に注意しなくてはならない種類のリストに加えられる予定です（66ページ参照）。日本固有の生態系を乱したり、エゾシマリスと交雑したりすることが心配されています。こうした問題が大きくなると、シマリスを飼えなくなってしまうかもしれません。脱走させたり、飼いきれなくなって捨てたりするようなことは決してしないでください。

暮らしの変化が起きたとき

　シマリスが10年、生きるとします。あなたが15歳なら25歳になります。25歳なら35歳になります。進学、就職、結婚や出産など、いろいろなことがあるでしょう。自分の生きる環境が大きく変わったとき、そこにもシマリスの居場所はあるでしょうか。引越し先ではペットを飼えない、ということもあったりします。シマリスではあまり聞きませんが、動物が人のアレルギーの原因になることもあります。仕事が忙しくなったりさまざまな原因で、シマリスを飼い続けることが難しくなることもあるかもしれません。どんなときでも、諦めて安易に手放したりせず、里親になってくれる人を慎重に探すなど、シマリスのためにどうするのが一番いいのかを考えることができるでしょうか。どんなときでも、飼い主としての責任をまっとうすることを忘れないでください。

The Squirrel  Before keeping

飼い始めるときに必要なもの・こと

● 用品の用意

　シマリスを迎える決心ができたら、飼うのに必要なものを買ったり、やっておくことの準備を始めてください。

　飼うのに必要なのはまず、ケージや巣箱、トイレなどの基本の飼育用品です。いろいろな種類があるので、この本を読んだり、ペットショップで実物を見ながらスタッフに話を聞いたりしながら選んでいきましょう。

　体重計や温度計などの飼育関連用品や暑さ対策・寒さ対策グッズも必要です。季節対策グッズは、飼い始めてすぐに必要ではないこともありますが、いずれ買うこともあるのだと頭に入れておいてください。

　フード類は、迎えるシマリスの年齢が幼ければペットミルクなどが必要になります。最初はショップで食べているものと同じものを与えたほうがいいこともあります。

● シマリスを学ぶ

　購入すべきものを考えながら、シマリスはどんな動物なのかを勉強することもおすすめします。たとえば、野生のシマリスがどんなところを巣にしているのかを知れば、どんな巣箱が必要なのかがわかります（木の洞のような場所を場所を巣にしているので、入り口が狭くて内部が暗くなるような巣箱が必要になる等）。動物園やリス園でシマリスの活発さを見ておくのもいいでしょう。広いケージが必要な理由も納得できるはずです。

　飼育の仕方を学びながら、シマリスを迎えてからの毎日を想像してみるのもいいでしょう。朝、出勤前にシマリスの世話をするなら、どのくらいの時間がかかりそうかなど考えておくと、迎えてからあわてなくてすむかもしれません。

　先輩飼い主の体験談は、シマリスのいる生活を具体的に想像するために役立ちます。個体差や環境による違いもあるので、その点は注意してください。

● 健康管理の準備

まだ幼い子リスではなく、十分に成長したシマリスを迎えることをおすすめしますが、どうしても幼い子リスから飼い始めたいというときは、しっかりと準備をしてください。ミルクを与えたり、暖かな環境を作ることが必要になります。

ケージを置く部屋の環境も、シマリスの健康に影響があります。騒がしくないか、暑すぎたり寒すぎたりしないかを考えてみましょう。場合によっては、エアコンの設置も検討してください。

なにより大切なのは、シマリスを診察してもらえる動物病院を探しておくことです。すぐ近所に病院があっても診てもらえないこともあるので、必ず確かめておきましょう。

● そのほかの準備

シマリスを部屋に出して遊ばせたいと考えているなら、迎える前に室内の総点検をしておいてください。ケージ内だけで飼おうと思っているとしても、ケージから出てしまったときのことを考えると、室内チェックは必要です。部屋から外に出てしまうような隙間や、家具と家具の狭い隙間があったらふさいでおきましょう。家具の陰になっているような場所もチェックしてみてください。見えない場所にゴキブリ取りが置いてあったのを忘れてたということもあります。

シマリスは鋭い切歯でものをかじります。電気コード類をかじると危険ですから、保護チューブなどの対策についても調べておくといいでしょう。

The Squirrel　　　　　Before keeping

飼い続けるために必要なもの・こと

● フードや飼育用品などの消耗品

シマリスとの毎日に必要となるものについて考えてみましょう。まずは食事です。雑穀やペレットなどシマリス用のフード類は、使い切る前に買い足しておくようにしましょう。トイレ砂やペットシーツなども、少しずつでも毎日、消費するものです。

巣箱や木の枝、コーナーステージなどの飼育グッズは、かじったり、排泄物で汚れたりするものです。汚れたら洗えばいいですが、あまりにも古くなってきたら、新しいものに買い換えましょう。子リスの頃に小さな回し車を使っていた場合は、大人になったら体に合ったサイズのものに交換します。

ケージはずっと使い続けることが多いものですが、さびたり、扉がきちんと閉まらなくなるなど不具合が出てきたら買い替えを検討しましょう。

● 健康診断、診察など医療費

飼う前から病気のことは考えたくないものですが、動物病院にかかる費用のことは必ず考えておいてください。シマリスが健康でも、年に一度は健康診断を受けておくと安心ですが、当然、費用がかかります。もし具合が悪くなって通院をしたり、手術、入院などとなれば、かなりたくさんの出費が必要です。場合によっては万単位の治療費がかかることもあります。

「ペット保険」は、保険料に応じて治療費などの一部を保険会社が負担してくれるものです。犬や猫を対象としたものが多く、シマリスが入れるものはわずかです（2014年12月現在1社）。

万が一のために「シマリス貯金」をしておくのもいいことです。毎月少しずつでも貯めておけば、シマリスが病気になったときに助かります。シマリスの医療費にどのくらい使えるかは家庭によって異なりますが、貯金をしてあると心強いでしょう

●季節対策費用

季節ごとの温度対策にかかる費用も考えておきましょう。

住んでいる地域や、住宅の構造によってどの程度の季節対策が必要になるかはさまざまですが、夏は冷房を、冬は暖房をずっとつけたままということもあります。高額の電気代を覚悟しておきましょう。

ペットヒーターなど、ケージ内だけを暖かくできる用品は便利です。通常、使うのは冬場ですが、子リスを飼うときには最初から必要なこともあります。

季節による食生活の違いもあります。

シマリスは、夏になると動物質の食べ物を好むようになります。また、秋になると冬眠の準備で食べ物をよく貯めます。食べすぎは肥満のもとですが、食べ物を貯める行動は野生本来の姿で、再現させてあげたいものです。季節に応じて、動物質の食べ物を増やしたり、かじるのに時間がかかる木の実を買ってあげるといいでしょう。

●そのほかに必要なもの・こと

旅行や出張など、家を留守にすることがあるなら、そのときにリスをどうするか考えておきましょう。世話をしにきてもらうならペットシッター費用、預けるならペットホテル費用がかかることがあります。

飼育からは離れますが、かわいい姿を撮影するためにカメラが欲しくなったり、リスをモチーフにしたグッズを買ってしまうなど、ちょっと楽しい出費もあるかもしれません。

The Squirrel　　　　Before keeping

シマリス飼えますか？ チェックシート

□終生、飼い続けられますか？
シマリスを迎えたら、自分の暮らしが変化したとしても、最後まで飼い続けることができますか？ 家族に迎えたシマリスはその日から、あなただけがたよりです。ずっと愛情を持ち続けることができますか？

□毎日の世話をきちんとできますか？
忙しかったり疲れていても、シマリスの世話や健康チェックを毎日、することができますか？ どうしてもできないときは、家族など他の誰かに頼むことはできますか？ 看護が必要なときにはそのために時間を使えますか？

□外来種を飼う責任はありますか？
ペットのシマリスはもともと日本にいない外来種です。決して逃したり、捨てたりしてはなりません。責任をもってシマリスを飼うことができますか？

□シマリスのためにお金を使えますか？
飼育用品の購入費、冷暖房の費用など、シマリスを飼い続けるためにはお金がかかります。必要な出費はできますか？ 医療費がかかる覚悟はできていますか？

□シマリスの健康を守れますか？
健康のためのよりよい飼い方を考え、毎日の健康チェックを行うことができますか？ 具合が悪いときには動物病院に連れていくなど適切な対応ができますか？ ケガをさせないような接し方ができますか？

シマリスの選び方

シマリスをどこで買う？

シマリスを手に入れたいとき、最も一般的なのはペットショップで購入することです。犬や猫がメインで、シマリスのような小動物は少ししか扱っていないショップや、小動物もたくさん扱っているショップなどがあります。小動物をメインで扱っているショップのほうが、シマリスを売っていることが多いでしょう。

シマリスをほしいなと思ったら、「衛生的なショップ」「スタッフが動物をていねいに扱っているショップ」「スタッフが動物のことを詳しく知っているショップ」かどうかという点を考えながら、いろいろなショップに行ってみましょう。不衛生なショップでは病気がまん延していることがあります。動物の扱いが乱暴だと、シマリスが人をこわがり、なれにくいことがあります。

シマリスを選ぶときは、スタッフによく話を聞き、どんなものを食べさせているのかを教えてもらったり、健康状態について確認してみましょう。実際に購入するときには、スタッフから必要な説明（適切な飼い方、なりやすい病気など）を受けたうえで、書類を取り交わしてください（動物愛護管理法で決まっている方法です）。

シマリスをいつ買う？

シマリスは春に繁殖シーズンを迎え、3月くらいに輸入されて店頭に並ぶようになります。春から初夏にかけての時期が、シマリスを迎えるのに適した時期です。

The Squirrel　　Before keeping

どんな子を迎えるか

● 子リス？　大人？

春に売られているシマリスは主に子リスです。子リスといっても生後2ヶ月をすぎて、もう大人と同じものを食べられるようになっている子もいれば、本来なら母親の母乳をもらっているような時期の子リスもいます。

幼すぎる子リスの世話にはとても神経を使いますし、体調を崩してしまうことも多いので、特に動物を初めて飼うような方は、あまり小さな子リスを選ばないほうがいいでしょう。生後2ヶ月をすぎた子リスを選ぶことをおすすめします。

春をすぎると、もっと大きくなったシマリスが売られていることもあります。大人になると警戒心が強くなるので、慣らすのに時間がかかることもありますが、ちゃんと慣れてくれます。気を使う子リスの時期よりは飼いやすい、ともいえます。

● オス？　メス？

オスのほうがおっとりしていて、メスのほうが気が強い、とよくいわれます。メスは子どもを生んで守らなくてはならないので、そういう傾向はあるでしょう。しかしそれ以上に個体差が大きいものです。あまり性別を気にしなくてもいいでしょう。

● 1匹？　2匹？

シマリスは単独で暮らす動物なので、飼うのは1つのケージに1匹ずつです。違うケージで飼うのなら、2匹を迎えることもできますが、シマリスを初めて迎えるなら、まずは1匹をきちんと飼うことを考えましょう。

時々「ペア」としてオス・メス2匹をひとつのケージで売られていることがありますが、ひとつのケージで2匹を飼うのはおすすめできません。幼いうちはケンカにならなくても、成長して自立心が出てくると、ケンカになることが多いのです。殺し合いになることさえあるので、必ずひとつのケージに1匹ずつで飼うようにしてください。

Chapter 1　リスを迎える前に

健康な個体を選ぶ

　シマリスを選ぶときは、健康な子を選ぶようにしましょう。「目が合った」「一目ぼれ」もすてきな出会い方ですが、シマリスを初めて飼うなら、健康であることが最大の条件のひとつです。ペットショップのスタッフと一緒に、「この子がいいな」と思ったシマリスの健康チェックをさせてもらいましょう。確かめるのは以下のような点です。

★ 鼻水が出ていませんか？
★ しばしばクシャミをしていませんか？
★ 目がショボショボしていませんか？
★ 目やにが出ていませんか？
★ 下痢をしていませんか？
★ 毛並みがぼさついていませんか？
★ 年齢なりのしっかりした体格ですか？
★ 活発で食欲がありますか？
★ 同居しているリスに具合の悪い子はいませんか？

　子リスにもすでに個性がありますから、ほしいと思った子がどんな性質なのかもスタッフに聞いてみましょう。

　シマリスと暮らすのが初めてなら、あまり臆病で怖がりな子や、落ち着きがなさすぎる子ではなく、好奇心旺盛で怖がりではなく、人に興味をもって寄ってくるような子がいいでしょう。おとなしい子もいますが、実は具合がよくないということもあるので確認してください。

飼育上達のポイント

安心して連れて帰るために

　シマリスを購入し、連れて帰るときには、ショップで使っていたのと同じ巣材、できればそのリスがさっきまで使っていた（オシッコのにおいなどがついている）ものを移動用キャリーやボックスに入れてもらいましょう。自分のにおいがすると、安心感が違います。

　また、ショップで食べていたフード類の種類を聞き、最初のうちは同じものを与えるようにします。急に食事を変えると食べなくなったり、お腹の調子を悪くするからです。フードを変えるときには、前に与えていたフードから少しずつ、新しいフードに切り替えてください。

リスの仲間たち

鳴き声がにぎやか
アメリカアカリス

子犬のような鳴き声で鳴く
オグロプレーリードッグ

木から木へと滑空
アメリカモモンガ

世界一美しいリスといわれる
ミケリス

鎌倉などにいるが外来種
タイワンリス

　シマリスは哺乳類の中の「げっ歯目（ネズミ目）」に分類される動物です。「ずっと伸び続ける歯」をもっているという共通した特徴があります。

　げっ歯目にはリスの仲間のほかに、ネズミの仲間（ハムスターやマウスなど）、モルモットの仲間（モルモット、チンチラ、カピバラなど）がいます。

　リスの仲間を見てみると、しっぽが短く、地面の上だけで暮らすもの（オグロプレーリードッグ、リチャードソンジリスなど）、夜行性で、体の脇に飛膜をもち、木から木へと滑空するもの（モモンガ、ムササビ）、長いしっぽをもち、主に木の上で暮らすもの（キタリス、タイワンリスなど）がいます。シマリスは地上と樹上の両方を生活空間にしています。

　シマリスは「げっ歯目リス科シマリス属」の中の一種類です。シマリス属には全部で25種類のシマリスがいます。みんな背中に縞があり、頬袋をもっています。私たちがペットとして飼っているシマリスだけがアジアのシマリスで、それ以外はすべて北アメリカに暮らしています。

Before keeping | House | Food | Care | Communication | Health care | Q&A

The Squirrel
House of the squirrel

chapter 2
リスの住まい

The Squirrel　　House

おすすめレイアウトはこれ

樹上も地上も再現させたい

　ケージの中は、シマリスが最も長い時間をすごす場所です。地面も走り、木にも登るシマリスには、「広さ」と「高さ」の両方があるケージが理想的です。

　ケージ内に必要なのは、寝る・食べる・排泄するといった生活用品が揃っていて、それぞれが使いやすい場所にあること、たいくつせず、できるかぎり運動ができるスペースがあること、のんびりとくつろげる場所があることなどです。世話をしやすい、というのも大切なポイントです。

　部屋に出して遊ばせることが多い場合でも、完全に放し飼いにするのではなく、安心できる住まいとして、必ずケージを用意してください。

レイアウトのポイント

★ 飼育グッズを設置しても十分なスペースがあるようにしましょう。ものを置きすぎると、広いケージも狭くなってしまいます。

★ ケージの底に網があるタイプは足をひっかけてケガしやすかったり、「もぐりこむ」という行動をさせてあげられないので、網を外したほうがいいでしょう。底には床材を厚めに敷き詰めます。

★ 回し車には床に置くタイプと金網につけるタイプがあります。金網につけるタイプは落下しないようにしっかり取りつけましょう。回し車と金網の間のスペースが中途半端だと危ないので注意します。

★ トイレは落ち着いて排泄できるようケージの奥に置きます。別の場所で排泄するようなら位置を変えましょう。

★ 地下にも樹上にも巣を作るので、床に置くタイプの寝床と、ケージの上部に取りつける寝床の両方があるとベストです。

★ 木の上もシマリスの生活空間です。ケージの上部にロフトを用意します。ケージが広いなら複数、取りつけても楽しいでしょう。

★ 高さを変えるなど変化をつけて止まり木を何本か設置します。

★ 上下にスライドして開閉するタイプの扉は、鼻先で押し上げて開けてしまうことも。ばねの力でロックするタイプの扉は長い間使っていると緩んできたりします。扉はナスカンで留めておくと安心です。

★ 食器は乾燥した食べ物用と野菜や果物などの水分の多い食べ物用のふたつを用意。

★ 給水ボトルは使いやすい場所に取りつけ、きちんと飲めているかどうか確認します。

★ シマリスが暮らしている場所の近くに温度計を取りつけましょう。

★ シマリスが暮らし始めたら、様子をよく観察し、動きにくそうなところ、危険なところはないかを確認し、必要に応じてレイアウトを修正します。

The Squirrel　　　　House

ケージの選び方

● サイズ

野生での生活空間と比べたら、飼育下では本当に限られた狭さのケージしか用意できないのはしかたのないことです。その中でも、できるだけ広いものを用意しましょう。

サイズは最低限でも 50cm 四方のもので、もっと大きいものを用意できるならベストです。

● 金網の隙間の幅

リス用として売られているケージを使う場合には意識しなくても大丈夫ですが、大型インコ用など、シマリス以外の動物のために作られたケージだと、金網の隙間の幅（ピッチ）が広いことがあります。脱走したり、はさまったりする危険があるので、隙間の幅も考えて選びましょう。

● 材質

さびにくく、かじっても塗装がはげたり、中毒のリスクのないステンレス製が安心です。

● 内部の構造

ケージ内に仕切りがあり、2階建てのようになっているものがあります。このタイプだと全体は大きくても、空間としては狭いものになってしまいます。仕切りはないほうがいいでしょう。

飼育上達のポイント　　世話のしやすさも考えて

ケージを選ぶときに忘れてはならない大切なポイントは、「扱いやすいか」ということです。

ケージを洗うために風呂場や屋外に運ぶこともあるでしょう。室内で移動させることもあるでしょう。そんなときに、むやみに大きいものだと移動させるのも大変です。ケージの奥まで手が届きにくいと、日頃の掃除が行き届かずに汚れがたまりやすくなります。

シマリスにとってベストなものを選ぶのは一番大事ですが、世話のしやすさも考えましょう。

● 継ぎ目の隙間

ケージの継ぎ目などに隙間があると、爪をひっかけたりすることがあります。ケージを組み立てたら、危ない場所がないか点検してください。

● 実物を確認

インターネットでも購入できますが、一度はペットショップなどで実物を確認してください。実際にシマリスが飼われている様子を見ることができると、暮らしのイメージもしやすいでしょう。

● 金網ケージ以外の飼育施設

まだ幼いシマリスを迎えたときは、ケージではなく温度管理しやすいプラケース、アクリルケースなどの水槽タイプを使いましょう。また、高齢になって足腰が弱り、高さのあるケージを使うのが危険になってきたシマリスにも、水槽タイプがおすすめです。底と四方がプラケース、天井は金網で通気性がいいハムスター用ケージなどがあります。

イージーホーム（ハイ・メッシュ）／三晃商会
W62×D50.5×H78cm

イージーホーム40（ハイ）／三晃商会
W43.5×D50×H62cm

リスくんのマンション／HOEI
W37.7×D30.6×H92cm

Chapter 2 リスの住まい

The Squirrel　　　　House

飼育グッズ

● 巣 箱

　ゆっくり眠れる寝床として巣箱を用意しましょう。木製がおすすめです。床置きタイプとケージ上部に取りつけるタイプがあります。鳥用も使えます。秋冬になると床材や食べ物を大量に隠します。寝る場所を確保するために、時々点検して中身を少し捨てておきましょう。

　そのほかにも、木の枝やヤシの実で作った隠れ家などいろいろな種類があります。フリースタイプの寝床はかわいいものが多く人気ですが、布製のものは爪を引っかけないか注意してください。

● 食 器

　床置きタイプとケージにとりつけるタイプがあります。床置きタイプは陶器製やステンレス製の、重さがあってひっくり返しにくいものを。ココット皿などの食器を使うこともできます。プラスチック製は傷がつきやすいので、汚れてきたら交換しましょう。

● 給水ボトル

　飲み水は給水ボトルで与えます。排泄物や食べかすで水を汚さないので衛生的です。ケージにとりつけるタイプが一般的です。お皿で与える場合は、ひっくり返しにくい陶器製やステンレス製の重さのあるものを使い、こまめに水を交換しましょう。

巣　箱　　床に置くタイプの食器　　ケージに取りつけるタイプの食器　　給水ボトル

● トイレ容器

多くのシマリスはトイレを覚えるので、排泄場所にトイレ容器を置きましょう。リス用やハムスター用のものや、鳥用の陶器製の水浴び容器、ココット皿などの食器を使うことができます。

● トイレ砂

トイレ容器にはトイレ砂を入れます。トイレ砂にはいろいろな種類があります。濡れると固まるものは掃除しやすく便利ですが、生殖器について固まることなどもあるので、固まらないタイプがおすすめです。床材をトイレ容器の中に入れておくなど、「トイレ砂」でなくてもかまいません。

● 床　材

ケージの底には床材を厚く敷き詰めます。ウッドチップを使う場合は広葉樹でできたものがおすすめです。そのほかにも、柔らかい牧草（チモシー３番刈りなど）、新聞紙をちぎったりシュレッダーにかけたものなどでもいいでしょう。

床材は、巣箱の中にも巣材として少し入れておきましょう。あとはシマリスが自分で「お布団」として運び込んだりします。巣材としては、新聞紙やわら半紙をちぎったものや、簡単に割けるタイプのキッチンペーパーを使うこともできます。綿の巣材もありますが、指に絡みついたりして危険なので、使わないようにしてください。

トイレ容器

トイレ容器に利用できる陶器製容器

トイレ砂

床材（ウッドチップ）

床材（牧草）

The Squirrel　　　House

● 止まり木

　止まり木をいくつかケージの中に取りつけ、行動のレパートリーを増やしましょう。木の枝から枝へとジャンプするのはいい運動にもなりますし、爪の伸びすぎをが多少は予防できます。

　天然木でできたものは形のバリエーションもあって楽しいものです。大型インコ・オウム用の止まり木を使うこともできます。かじることもあります。

● ステージ、ロフト

　コーナーに取りつけるステージやロフトは、ケージ内の底面積を増やしたり、休息場所にすることができます。食器を置くなどのを置くときは落とさないように気をつけてください。

● 回し車

　運動の助けとなる遊び道具が回し車です。ケージの床に置くタイプと金網に取りつけるタイプ、プラスチック製のものと金網製のものがあります。金網タイプには、足場の金網がはしご状のものと格子状のものがあります。はしご状だと足を踏み外してケガをすることがあるので、格子状のほうが安心です。

　サイズは、十分に余裕のあるものを使いましょう。小さすぎる回し車を使っていると、背中が反ったままになって負担がかかります。子どものうちは直径20cmくらいでよく、大人には直径25cmくらいがちょうどいいでしょう。直径30cmだと大きすぎて回しにくいかもしれません。

止まり木

コーナーステージ

金網タイプの回し車

一般的なタイプの回し車

落下防止の工夫がある回し車

● 寒さ対策用品

ケージ内を暖めるペットヒーターを用意しましょう。特に子リスや高齢リスには欠かせません。ケージの床の上に置くもの、底から暖めるもの、ケージの側面や天井につけるものなどがあります。

● 暑さ対策用品

暑い時期に体を冷やすことができる天然石やアルミのボード、保冷剤を用いて冷やすものなどがあります。

● キャリーケース

ケージ掃除をするときに一時的に入れたり、動物病院に連れていくときに使います。小さすぎるのもよくないですが、あまり大きすぎても落ち着きません。巣材を多めに入れてあげましょう。

● 温度計＆湿度計

温度は感覚ではなく、必ず温度計で確かめましょう。ケージは床の上に置いていることが多いですが、特に冬場は、エアコンの設定温度と床の上の温度は必ずしも一緒ではありません。実際にリスのいる場所の近くで測ってください。

● 体重計

健康管理のために定期的な体重測定を行いましょう。1g単位で測れるキッチンスケールが便利です。

● ナスカン

シマリスは器用なので、ケージの扉を開けてしまうことがあります。ナスカンでしっかり戸締まりしましょう。

ペットヒーター

大理石ボード

体重計（キッチンスケール）

温度計＆湿度計

ナスカン

The Squirrel　　　House

ケージの置き場所

● 昼は明るく、夜は暗く

　明るい時間と暗い時間のメリハリをはっきりさせることは、体内時計を正確に働かせ、健康管理の上でもとても大切なことです。ケージは日当たりのいい部屋に置き、昼間のうちは明るさを感じさせましょう。

　室内で飼っていると、夜でも電気がついていてずっと明るいことが多いでしょう。夜になったらケージの一部に布をかけたりして、暗くなるようにしておきましょう。

● 直射日光に注意

　日当たりがいいのは重要ですが、太陽光線の直撃は避けましょう。特に夏場は注意が必要です。カーテン越しに室内が明るくなっていれば十分です。

● 風通しがいい場所

　つねにきれいな空気に満ちている場所に

ケージを置いてください。家具と家具の間のようなデッドスペースはケージを置くのにちょうどよかったりしますが、こうした物陰は空気がよどむ場所なので、ケージの置き場所としてはあまりよくありません。室温の急変と脱走に気をつけながら、時々は窓を開けて空気を入れ替えましょう。

昼間は明るい場所にケージを置く

● ケージの一面は壁添いに

ケージの周囲すべての方向でつねに物音がしたり、人が歩き回っているようだと落ち着きません。ケージは壁添いに置くようにしましょう。

● 騒音や振動は避けて

大きな音でテレビやステレオをつけたり、ケージの周りをドタバタと歩きまわらないようにしましょう。壁の向こう側の部屋から発生する振動が伝わってくることもあります。

● 生活音は問題ナシ

日常的な声でのおしゃべりやテレビの音、普通に室内を歩いているような生活音まで控えることはありません。人の声や物音が聞こえてきても怖いことはないとわかってくれば、シマリスも安心するようになります。

逆に、静寂に慣れさせてしまうと、急に大きな物音がしたときなどに、とてもびっくりさせてしまいます。

● 相性の悪い動物は遠ざけて

犬や猫、フェレット、猛禽類などの肉食動

物はシマリスの天敵です。ケージには近寄らせないようにしてください。同じ部屋にいるだけでもにおいで感じ、ストレスになることがあります。

相性の悪いシマリスのケージを並べて置くなら、プラダンボールなどで目隠しをしてください。可能ならケージは離して置きましょう。

大騒音や振動、天敵のそばは NG

法律にみる飼育の責任

　23ページで、ペットショップからシマリスを迎えるときの注意点として、「書類を取り交わす」と説明しましたが、動物愛護管理法で定められている内容について、もう少し詳しく見てみましょう。

　ペットショップやブリーダーが動物（哺乳類、鳥類、爬虫類。もちろんシマリスも含まれています）を販売するときには、「その動物の現在の状態を直接、見せること」「ショップのスタッフが直接、購入者に対して書面などを用いて必要な情報を提供すること」が定められています。（動物愛護管理法第二十一条の四）

　必要な情報には、以下のようなものが含まれています。

- ★ 大人になったときの大きさ
- ★ 平均寿命
- ★ 適切な飼育施設がどんなものか
- ★ 適切な食事や水の与え方
- ★ 適切な運動や休息の方法
- ★ その動物がかかる可能性の高い病気（共通感染症を含む）の種類と予防方法
- ★ みだりな繁殖を制限する方法
- ★ 関係のある法令について
- ★ 性別、生年月日や輸入年月日
- ★ 輸入業者の名称
- ★ 病歴や親・きょうだいに遺伝性疾患がいないか
- ★ 飼育に必要なそのほかの情報

　ペットショップからシマリスを迎えるときは、これらの説明を聞き、納得してから書面に署名をしましょう。シマリスを買おうとするときになんの説明もないようだったら、説明を求めましょう。ペットショップ側がシマリスのことを十分に理解し、適切な飼育管理をしたうえで販売するためにも、飼い主が説明を聞くことで飼う責任を認識するためにも、大切な規定です。

　動物愛護管理法には、飼い主が守るべきこととして

- ★ 命あるものを飼う責任を自覚する
- ★ 習性に応じた適切な飼い方をする
- ★ 動物の健康と安全を守る
- ★ 動物が人に迷惑をかけないようにする
- ★ 脱走させないようにする
- ★ 最後まで飼い続ける

なども定められています。

　また、みだりに餌を与えるのをやめたり、健康でいられないような場所に置いて衰弱させたり、病気やケガをしているときに適切な保護をしないことなどは虐待と位置づけられています。

　命ある生き物を迎えるからには最後まで大切に飼うのは当然のことですが、法律上でもそのように定められているのです。

The Squirrel
Food of the squirrel

chapter 3

リスの食事

The Squirrel　　Food

毎日の食事はこれ

雑穀やリスフードを中心に

シマリスには雑穀やリス用フード（固形飼料）や、野菜や果物、動物性タンパク質を含むフードなどを与えます。

主食として与えるのは小鳥用配合飼料などの雑穀やリス用フードです。雑穀は本来のシマリスの食性に近いですし、「殻をむく」などの行動を再現することができるものです。リス用フードはさまざまな原材料によって作られ、バランスよく栄養を与えることができます。

量は、小鳥用配合飼料を25g程度、補助的にリス用フードを少し与えます（リス用フードだけを与える場合は、パッケージに記載された量を与えます）。

「副食」として与える野菜や果物は毎日少しずつ、数種類を与えるといいでしょう。動物性タンパク質は時々、少量を与えます。

食事を与える時間は午前中がよく、回数は1回で問題ありません。2回に分けるときは、午前中と午後早めの2回にします。

なお、これは大人のシマリスの場合で、幼い子リスを迎えたときには特別な世話が必要です（56ページ）。

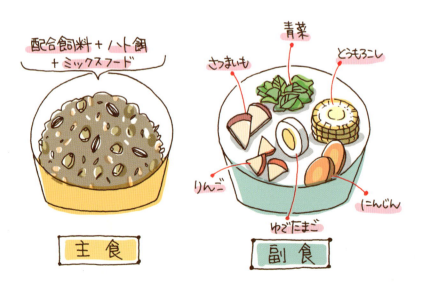

主　食

● 小鳥用配合飼料

　文鳥用やセキセイインコ用として販売されている小鳥用配合飼料には、アワ、ヒエ、キビ、カナリーシード、マイロ、小麦、大麦などの穀物が配合されています。小鳥用配合飼料のほかに、ハト用配合飼料（ハト餌）もあります。

　小鳥用の穀類は単品でも販売されているので、肥満ぎみなシマリスには低たんぱくなアワやヒエなどを別途購入して、その割合を増やすこともできます。

　シマリス用として売られている配合飼料もあります。脂肪分が多くて主食には向かないヒマワリの種の割合が高いものが多いので、シマリス用配合飼料だけを主食にするのではなく、小鳥用配合飼料に少し混ぜてあげるというような与え方がいいでしょう。

● リス用フード

　固形飼料（ペレット）は、種類は多くありませんが、シマリス用のものが販売されています。シマリスにはハムスター用ペレットを補助的に与えることもできますが、非常に種類が多く、いいものもあればそうではないものもあります。信頼できるメーカーの製品で、原材料、栄養価、消費期限などがきちんと書かれているものを選びましょう。

シマリス用ペレット

小鳥用配合飼料

ハト餌

The Squirrel　　　Food

副食

● 野　菜

　ビタミンやミネラル、繊維質豊富な野菜を与えましょう。キャベツ、小松菜、チンゲンサイ、大根の葉などの葉野菜、ニンジン、サツマイモなどの根菜、カボチャ、トウモロコシ、トマトなどを与えることができます。

　根菜やカボチャは、火を通すとやわらかくなって甘みも増します。やわらかくしてつぶしたりできるものに慣らしておくと、高齢になって歯が弱くなってきたときなどに助かります。

　枝豆や大豆などの豆類は良質なたんぱく源です。生のままは避け、与えるなら必ずゆでてからにしてください。

　うさぎなどの草食小動物用として売られている乾燥野菜をメニューに加えることもできます。

● 果　物

　ビタミンC豊富な果物も与えましょう。リンゴ、ブルーベリー、バナナ、オレンジ、カキ、ナシ、イチゴ、サクランボなどを与えることができます。糖分が多いので、あまりたくさん与えすぎないようにしましょう。果物が好物なシマリスは多いので、毎日の食事としてではなく、「おやつ」として手から与えるのもいい方法です。

ブルーベリー　　小松菜　　リンゴ　　ニンジン　　キャベツ

● 動物性タンパク質

　野生のシマリスは、昆虫類や鳥の卵などの動物性タンパク質を豊富に含む食べ物も食べています。

　チーズ、ミルク、ゆで卵などを与えることができます。チーズは脂肪分の少ないカッテージチーズやペット用の塩分の少ないもの、ミルクはお腹にやさしいヤギ（ゴート）ミルクがおすすめです。

　もともと生きた昆虫類を食べているので、生き餌も喜びます。コオロギやミールワームなら、生き餌ではなく缶入りのものもあります。

● そのほかの食べ物

　タンポポやハコベ、オオバコなどの野草をメニューに加えてもいいでしょう。屋外（犬猫の排泄物や除草剤、農薬、排気ガスなどで汚れていない場所）で摘んでくるのもいいですし、草食小動物用に乾燥タイプが市販されています。

飼育上達のポイント
旬の食材を与えよう

　今は一年中いろいろな食材が手に入り、いつが旬なのかわかりにくくなっていますが、本来、野菜や果物には旬があります。葉野菜の旬はたいてい冬ですし、リンゴの旬は秋から冬にかけて、イチゴの旬は5、6月頃です。旬の時期の食べ物は栄養価が高いので、ぜひシマリスにも与えましょう。

　また、味もいいですし、たくさん出回るので価格も安くなります。飼い主が楽しむときはぜひおすそ分けしてあげてください。

　トウモロコシやブルーベリーなどは、おいしい時期のものを冷凍保存しておくこともできます。冷凍したものをシマリスに与えるときは自然解凍させてから与えてください。

Chapter 3　リスの食事

ヤギミルク

カッテージチーズ

鶏ささみ

ゆで卵

The Squirrel　　　Food

おやつ

動物は食べ物を「これは主食」「これはおやつ」と分けたりしませんが、与える楽しみや食事管理のために、「おやつ」という考え方を取り入れるとわかりやすいでしょう。

嗜好性が高く、与えることに特別な意味をもたせたいものが「おやつ」です。

たとえば、シマリスを慣らしたいときには、おやつを与えるのがよくある方法です。おいしい食べ物を与えると、シマリスは「この人の近くにいるといいことがある」と学習し、人のほうに寄ってくるようになり、信頼関係が作りやすくなります。ペットショップで「手乗りリス」としてシマリスが売られていることがありますが、最初から「手乗り」のシマリスがいるわけではなく、このような学習によって人を怖がらなくなるのです。

シマリスをケージから部屋に出して遊ばせたあと、ケージに戻したいのになかなか戻ってくれないことがあります。そのようなときにおやつで誘ってケージに戻せば、無理に追いかけたり、捕まえたりしなくてもすみます。シマリスを怖がらせて慣れにくくしてしまったり、うっかりしっぽをつかんでしまうような事故を防ぐことにもなります。

なにかシマリスにとっていやなこと（たとえば、体をつかまれて薬をつけたり、爪切りをするようなこと）をしたあとでおやつをあげるなど、おやつを気分転換に使うこともできます。

ちょっと食欲がないかな、というようなときに、おやつを少しだけ与えてみると、食欲をとりもどすことがあります（食欲不振は病気の兆候なので、心配なときは動物病院に連

れていってください）。大好きなおやつをあげても食べないようなときは、なにか問題がある可能性が高いので、動物病院で診察を受けたほうがいいでしょう。

おやつには、シマリスに与えても問題のない食べ物の中から、嗜好性が高く、喜んで食べてくれるものを選びましょう。

一般的なシマリスのおやつには、ヒマワリの種があります。昔は主食としてたくさん与えることも多かったものですが、脂肪分が高いため、与えすぎると肥満の原因にもなります。抗酸化作用をもつ、いい食材でもあるので、おやつ程度に与えるのがちょうどいいのではないかと思います。

カボチャの種もシマリスが喜ぶおやつです。市販品のほか、料理をするために買ったカボチャの種をくりぬき、洗ってよく乾かしてからおやつにすることもできます。

ドングリは、野生のシマリスにとっては秋や冬の主食のひとつです。ペットショップに売っているようなものではないので、公園や森などで落ちているのを拾います。リス用おやつとして市販されている木の実や、人間の食用に売られているクルミもあります。

ピーナッツもおやつになります。殻つきを与えることもできますが、ピーナッツのカビは猛毒なので、注意してください。

こうした自然の食材ではなく、加工された市販のおやつの中には、糖分や脂肪分が多いものもあるので注意して選んでください。

穀類、ペレット、野菜や果物などの主食・副食でも、シマリスが喜んで食べるならおやつにすることはできます。食事量の管理のために、その日に与える予定の分からおやつ分を分けるようにするといいでしょう。

ヒマワリの種　　アーモンド　　ドングリ　　クルミ　　ピーナッツ

Chapter 3　リスの食事

The Squirrel　　　Food

そのほかのポイント

食べ物の保存

雑穀やペレットは、賞味期限を確認して購入してください。ネットショップなら、よく売れていて商品の回転が早そうなショップを選ぶといいでしょう。開封後はカビが生えて傷んだりしないようにきちんと保存します。チャック付きのパッケージはしっかりと閉じておきましょう。または、密閉できる容器に移し、乾燥剤を入れて保存します。直射日光が当たらない涼しい場所に置きましょう。

ドングリやクルミなどの木の実は、室温で放置しておくと虫がわくことがあります。ドングリなどにわく虫（ゾウムシ）はシマリスが食べても問題ありませんが、気になる場合は冷蔵庫で保存するようにしてください。

飲み水

飲み水は、あまり減っていないときでも必ず毎日、新しい水に交換してください。

空気が乾燥しているときは喉が乾くので水をたくさん飲みますし、水分の多い野菜や果物を与えているときは水を飲む量が減るなど、室温や湿度、食べ物などによって飲む量は変化します。

日本の水道水は水質基準が規定され、適切に管理されているので、そのまま与えても問題はありません。

気になる場合は、ボウルなど口の広い容器に水を入れ、一日そのまま汲み置きしたものを与えることもできます。

浄水器を使っているときは、カートリッジの交換をきちんと行うようにしましょう。

ミネラルウォーターを与える場合には表示を確認し、ミネラル分の多い硬水ではなく、軟水を選ぶようにしてください。

食べ物を貯蔵する時期の注意点

シマリスの習性として、食べ物を巣箱の中などに貯蔵するというものがあります。特に秋や冬になると本能的に、食べ物の貯蔵を熱心に行うようになります。シマリスは、「冬眠前にたくさん食べて脂肪をつけておく」ということはせず、「冬眠中に目覚めたときに食べるためのごはん」として食べ物を貯蔵しています。

秋や冬には、与えたとたんに頬袋に詰めて巣箱に運び込んでしまうことも多いですが、お腹が空けば巣箱などに隠してある食べ物を食べますから、そのたびに追加で食べ物を与えることはありません。

ただしなかには貯蔵することに集中しすぎて、実際に食べる量が減るシマリスもいます。定期的な体重測定などで体重を確認し、減り気味なら栄養補給しましょう。穀類や木の実は貯蔵してしまうので、サツマイモやカボチャなどの栄養価の高い野菜、ペットミルクなどを与えます（きちんと食べているなら、必要ありません）。

巣箱の中に食べ物を大量に貯蔵するシマリスもいます。野菜や果物といった水分の多い食べ物が貯蔵されていないか（カビが生えたりします）を時々確認し、あれば捨ててください。寝る場所もないほど種子類を貯蔵している場合は、ある程度は残しておいて、あとは捨ててもいいでしょう。

飼育上達のポイント

季節の食事

野生下でも四季のある環境に生息しているシマリスは、季節ごとに食べるものの傾向も変化します。旬の野菜や果物を与えるなど、飼育下の食事にも季節感を取り入れるといいでしょう。

春から夏にかけては、季節の野草（43ページ参照）を与えることもできます。

野生のシマリスは、夏場には昆虫類をよく食べるので、動物質の割合を増やすのもいいでしょう。秋や冬には貯蔵できる木の実を好みますが、ペットのシマリスは冬でも栄養バランスのいい食事を与えることができるので、無理に木の実ばかり与える必要はありません。

The Squirrel　　Food

ライフステージごとのポイント

● 成長期のシマリス

　成長期に大切なのは、体を作るための栄養をしっかりと与えることです。生まれてから生後2ヶ月くらいまでは母乳を主食としていますから、かなり幼い子リスを迎えたときは、タンパク質豊富なペットミルクを与える必要があります。

　生後2ヶ月をすぎると、食べるものの種類も広がっていきます。若いうちのほうが、目新しいものを受け入れやすいので、シマリスに与えてよいものの範囲内で、いろいろなものを食べさせるといいでしょう。

● 大人のシマリス

　病気のときや高齢になったときに、人工給餌が必要になることがあります。そのようなときの準備として、シリンジやスポイトなどを使って食べ物を与える練習をしておくといいでしょう。ペットミルク、果汁100％の野菜・果物のジュースなどをおやつ代わりに与え、シリンジから飲んだり食べたりすることに慣らしておきます。

● 高齢期のシマリス

　高齢になると、歯が弱くなって硬いものが食べにくくなることがあります。食べる量が減って痩せてくると、体力も落ちてしまいます。そのようなときには、いつもの食事に加え、歯に負担をかけずに食べられるものも与えるといいでしょう。

　歯に負担をかけないメニューには、ふやかしたペレットや雑穀（人が食用にする、殻のついていないもの）、サツマイモやカボチャをふかしてつぶしたもの、離乳食に使われる野菜フレークをふやかしたものなどがあります。製菓材料として売られているナッツ類の粉末は嗜好性を高めるのに役立ちます。

　高齢でもしっかりと食事ができているなら、無理に食事内容を変える必要はありません。食べている様子や体重、便の量などを観察するようにしましょう。

与えてはいけないもの

シマリスに与えてはいけない食べ物や、注意が必要な食べ物があります。

カビが生えていたり傷んでいるものは与えないでください。食材では、ジャガイモの芽や皮の青い部分には毒性があります。玉ネギや長ネギなどは動物に与えてはいけません。生の豆類やアボカドも避けてください。

人のために加工、調理された食べ物やお菓子類は脂肪分や糖分、塩分が多いので与えてはいけませんが、なかでもチョコレートには中毒成分が含まれているので与えないでください。

牛乳を飲ませると下痢をすることがあります。ミルクが必要なときはペット用のものを飲ませましょう。

動物性タンパク質として鳥ササミなどの肉類を与える場合もあるかと思います。生で与えるのは管理が難しいので、必ずゆでてから与えるようにしましょう。

ミカンなどのかんきつ類はビタミンC豊富ですが、与えすぎると便が柔らかくなることがあります。与えすぎに注意しましょう。

加熱したものや冷凍してあったものは、熱いまま、冷たいままで与えず、ある程度常温にしてから与えるようにしてください。

はじめてのものを与えるときは、いきなりたくさん食べさせたりせず、少しだけ与えて様子を見るようにしましょう。

気をつけてね！

飼育上達のポイント　リンゴの種はあげていいの？

「リンゴの種をあげてはいけない」といわれることがあります。リンゴは「バラ科リンゴ属」に属する果物ですが、「バラ科サクラ属」の果物（サクランボ、ビワ、モモ、アンズなど）の、未成熟な果実や種子に中毒を起こす成分が含まれていて、熟すことによって分解されていくといわれています。

リンゴの種は問題ないですし、サクランボも熟したものを一度に1、2個くらい与えても問題はないでしょう。

野生のシマリスは種ばかり食べているわけではありません。いろいろなものをバランスよく与えましょう。

リスよもやま話

「リス」の語源

　リスはどうして「リス」という名前なのでしょう？　もともとは漢語で「栗鼠」と書きます。今、私たちは「栗鼠」を「りす」と読みますが、昔は「りっそ」あるいは「りっす」と読まれ、そこから「りす」という名前になったといわれます。「栗鼠」のほかに「木鼠（きねずみ）」と呼ばれることもあります。ペットのシマリスは中国産ですが、中国語では「松鼠」と書いて「ソンシュウ」と読みます。

　ニホンリスなどのリスは「リス属」に分類されますが、その学名「Sciurus」には、しっぽを日傘のようにする者、という意味があります。リスの英語「squirrel」も、この学名が由来となっています。

　シマリスは英語で「chipmunk」といいます。その鳴き声からアメリカ先住民がつけたといわれています。

　日本では北海道にエゾシマリスが暮らしています。アイヌ語での名前は「ニスイクルクル（縞がついている獣）」や「カシイキルクル（背面に縞が通っているもの）」など見た目によるもののほかに、「ウェンコク（悪いやつ）」というものもあります。エゾモモンガには、アイヌ語で「アッカムイ（子どもの守り神）」という素敵な名前があるのとはずいぶん違いますね。

昔話とリス

　日本の昔話にはたくさんの動物たちが登場します。浦島太郎はカメに連れられて竜宮城に行きますし、桃太郎は犬、サル、キジ、雉と一緒に鬼退治に向かいます。ネズミが登場する昔話もたくさんあります。

　ところが、リスも昔から日本にいるのに、なぜかリスはほとんど出てきません。山の中で暮らし、人との接点がきわめて少なかったことも理由なのでしょう。

　一方海外に目を向けてみると、たとえばインドでは、海に橋をかける手伝いをしたリスの背中を王子様がなでたことから背中に縞ができた、というお話があります。モンゴルでは、お腹を空かせたクマに食べ物をあげたらお礼に抱きしめられ、そのときにクマの爪で背中を引っかかれたのがシマリスの縞の由来である、という話も伝わっています。

　アメリカ先住民にもリスが登場する物語はいくつもあるようです。リスが木の皮に乗って湖を渡るときにしっぽを帆の代わりにした様子を見て、先住民は帆の存在を知ったというお話は、立派な尾をもつトウブハイイロリスあたりがモデルなのでしょう。夜だけの世界を望むクマから昼を守ったシマリスの話も残っています。背中の縞はこのときの戦いの証の傷なのだとか。

Care

The Squirrel
Care of the squirrel

chapter 4
リスの世話

The Squirrel　Care

毎日の世話はこれ

リスの一日

朝、シマリスの活動開始時間です。巣箱から出てきて排泄したり食事をして、行動を開始します。この時間に食事を与えるなど世話をしましょう。

昼間は活動している時間です。ずっと動いているわけではなく、時々、昼寝をしたりします。一緒に遊ぶなら一番いい時間帯です。

夕方になると活動時間が終わり、夜は巣箱に戻って休みます。ケージ内の掃除は夜やってもいいでしょう。食べ残した野菜や果物は取り除きます。乾燥した穀類などは朝まで入れておいても問題ありません。

毎日の世話

必ず毎日行う必要がある主な世話は

1．食事を与える
2．飲み水を交換する
3．トイレ掃除
4．トイレ以外の汚れたところを掃除
5．健康チェック

といったものです。

世話の手順は、飼い主の生活サイクルにもよりますが、一例として以下のように行います。

朝は食事を与え、給水ボトルを洗って水を交換、トイレ掃除やケージ内の目立った汚れを掃除します。時間がないときは、食事、水の交換とトイレ掃除だけでもいいでしょう。

世話をしながら、食べた量や排泄物のチェックをしてください。

昼間は一緒に遊びながらおやつを与えたり、活発な様子を見ながら体の状態をチェッ

クしましょう。

ケージ内の掃除をする時間が朝ないなら、夕方以降に行いましょう。

夜、シマリスが寝たら、野菜や果物など水分が多い食べ物の食べ残しをケージから取り出して捨てておきます。雑穀などの乾燥した食べ物は朝までそのままでもいいでしょう。部屋で遊ばせたあとは、どこかに餌を隠していないか点検しておきます。

The Squirrel　　Care

ときどきの世話

● ケージを洗う

　隅のほうが排泄物で汚れていたりするので、たまにケージ全体を洗いましょう。ケージ内のグッズを取り出し、シマリスを別のキャリーケースなどに移してから、風呂場などでケージを洗います。洗剤などを使わなくても、ブラシでこすり洗いをすれば十分です。洗ったあとはしっかり乾かしてからグッズとシマリスを戻しましょう。

● 飼育グッズを洗う

　巣箱や木の枝、コーナーステージなどのグッズが汚れてきたら洗いましょう。動物は自分のにおいのするものがあると安心するので、ケージを洗うのと飼育グッズを洗うのとは、別のタイミングで行ったほうがいいでしょう。こちらもブラシでこすって排泄物や食べかすなどを洗い流しましょう。天日干ししてしっかりと乾かしてください。

● 巣箱内のチェック

　秋・冬になると特に、巣箱の中に食べ物をたくさん隠すようになります。たいていの場合は雑穀類など水分の少ない、長期保存できるものを本能的に隠しますが、野菜や果物など水分が多いものを隠すこともあります。腐敗したりカビたりしますので、たまに巣箱内部を確認し、捨てるようにしてください。貯蔵してある雑穀類は、少し残しておいたほうがシマリスも安心します。

● 食器と給水ボトルの殺菌洗浄

　給水ボトルの内側は簡単に洗えないので、グラス用ブラシや試験管ブラシなどで洗いましょう。殺菌消毒には、赤ちゃんの哺乳瓶用の消毒剤を使うのが安心です。

　これらの世話の頻度は月に一度を目安に、ケージの汚し具合などに応じて各家庭で決めましょう。

　また、季節の変わり目には次の季節を迎える準備を早めにやっておきましょう。

シマリスの扱い方

移動させるときなど、シマリスを手に持つときには、安全な方法で行ってください。

とてもよく慣れているなら、片手に載せたシマリスをもう片方の手で包むようにして軽く押さえるようにします。強くつかまないようにしてください。

いくら慣れていても、ほかの部屋や屋外に連れていくときは必ずプラケースに入れるようにしましょう。

慣れていないときは無理をしないでください。短い距離でも移動させるときは、小さいプラケースに入れて運びましょう。

慣れていないシマリスを手で持ったまま立ちあがらないようにしてください。シマリスが飛び降りたり、かみつかれて落としたりしたときにケガをさせることがあります。慣らしている期間は、必ず座って扱うようにしてください。

決してやってはいけないのは、しっぽを持つことです。シマリスのしっぽは天敵に捕まったときにも逃げられるように切れやすくなっていますし（切れたら再生しません）、骨を残して皮膚だけが抜けてしまうこともあります。十分に注意してください。

また、リス用として首輪やリード、ハーネスが販売されていることがありますが、シマリスには不向きです。ケガの原因となるなどとても危ないので使わないでください。

The Squirrel　　Care

幼いリスの世話

幼いリスを迎える準備

シマリスを迎えるときは、生後2ヶ月をすぎ、離乳している子を選ぶことをおすすめします。それよりも幼い子を迎えるときには、十分なケアが必要です。生後2ヶ月より前というと、本来ならまだ母親やきょうだいと一緒に暮らしている時期です。そのような幼い子リスを飼うときには、温度管理や食事などに気を配ってください。

ペットショップではほかの子リスたちと一緒に飼育されていることが多く、ペットヒーターで温度管理されているほかにも、お互いの体温で暖めあっています。ところが家に連れて帰ると急に寒い環境になるため、しっかりと温度対策をしていないと、肺炎などになりやすいのです。

また、生後2ヶ月をすぎていれば、もうひとりで行動することができる時期なので、大人と同じ食べ物だけでも飼うことができます。ところがそれより若い子リスだと、まだ母乳を飲んでいる年齢です。繁殖施設で母リスと別れた時期を考えると、十分な母乳を飲んでいないかもしれません。少しずつ大人の食べ物も食べるようになる時期ですが、ミルクを飲ませることもとても大切です。

飼育上達のポイント　　暖かな住まい作り

幼い子リスは、保温のためにプラケースで飼育しましょう。底にはウッドチップなどの床材を敷き、パネルヒーターの上に置きます。内部全体が同じ温度にならないよう、プラケースの半分がパネルヒーターに乗るように設置します。こうしておくと、暑すぎたときに移動することができます。厚みのあるヒーターを使うときは、同じくらいの厚さの板や折りたたんだタオルなどをヒーターと並べて置き、プラケースが斜めにならないようにしてください。温度は25℃くらい、とても幼い場合は30℃くらいになっているかを温度計で確かめましょう。

幼いリスの食事

　離乳前のシマリスには、離乳食を食べさせましょう。

　離乳食は、ペレットをくだいたものや野菜フレーク、オートミールをペットミルクでふやかして柔らかくしたもの、人の食用の雑穀をふやかしたもの、すりおろしたリンゴやバナナなどの食べやすいものを用意します。溶いたペットミルクをシリンジで飲ませてもいいでしょう。ヤギ（ゴート）ミルクがおすすめです。

　ふやかした食べ物は傷みやすいので、与えるたびに用意するようにしてください。1日に2～3回から始め、徐々に減らしていきます。

　離乳食だけでなく、大人のシマリスに与えるのと同じメニューも少し用意して、置いておきましょう。これには大人の食事に慣らしておく意味があります。

そのほかの子リスのケア

● 飲み水について
　床置きタイプの給水ボトルや食器に水を入れて、プラケースの中に置きましょう。こぼさないよう、飼い主が見ていられるときに時間を決めて与えてください。

● 排泄物の掃除
　こまめに汚れた部分を取り除くようにしてください。掃除のさいには、便が柔らかくないかなどチェックしましょう。

● 体重を測ろう
　毎日体重を計り、増加しているかを確かめてください。

● ケージへの引っ越し
　2ヶ月をすぎて体格がしっかりしてくると、活発でプラケースでは手狭になります。ケージに引っ越しましょう。環境が大きく変わるので体調を崩させないよう、暖かな環境作りを心がけてください。

飼育上達のポイント　子リスとの接し方

　人間の存在は決して怖くはないのだと子リスにわかってもらうため、慣らす必要がある反面、かまいすぎは子リスにとってストレスでもあります。1日数回の世話の時間のほかはしつこくかまわないようにしてください。特に、寝ているときはよく休ませて。薄暗くしてあげるといいでしょう。

　なお、子リスの体に触るときには、自分の手が冷えていないか確かめてください。この時期の子リスが一緒にいるはずの母リスの体温は38℃くらいあります。冷たい手で子リスを抱くと、体を冷やしてしまうので注意しましょう。

The Squirrel　　　　Care

季節対策

暑さ対策

シマリスは、日本でいえば北海道のような冷涼な地域の森林で暮らしている動物です。北国でも夏には暑い日もありますが、森の中は木陰も多いですし、巣の中は涼しいので、暑さをしのぐことができるのです。

ところが室内のケージ内では、暑くても逃げる場所がありません。近年の夏の暑さは猛烈で、なにも対策をせずに飼うことは不可能です。

早ければ5月頃から暑いこともあります。早めに対策を考え、シマリスが熱中症になるようなことのないように気をつけましょう。

● 温度管理はエアコンで

暑さ対策は、エアコンを使うのがベストです。エアコンのある部屋にケージを置くか、エアコンを設置してください。エアコンからの送風がケージに当たらないよう送風の方向に注意しましょう。

エアコンがない場合は、できるだけ涼しい場所にケージを置いてください。保冷剤や凍らせたペットボトルにタオルを巻くなどして、直接冷たい部分に接しないよう工夫をしたうえで、ケージの上や中に置いておくと、短時間なら暑さをしのげます。ペット用の大理石ボードなどの冷却グッズもあります。こうしたものは、まずは飼い主が一日中家にいるときに使ってみて、不具合がないかどうかを確認してください。

● 衛生的な環境に

トイレ掃除や汚れた床材の掃除をこまめに行い、食べ残しを放置せず早く片付けるようにしましょう。

寒さ対策

　野生のシマリスは、寒い冬を冬眠して乗り切ります（60ページ参照）。子リスや高齢、病気のときや、冬眠させないようにしたいときは、暖房を使い、暖かな環境を作りましょう。

　部屋全体を暖めるにはエアコンやオイルヒーターが安心です。それだけではケージ内があまり暖かくならないときは、フリースを入れてあげたり、ペット用ヒーターをケージ内に置きましょう。シート、パネル、壁掛け、天井取り付け、電球型など、いろいろな種類があります。どのようなものを使う場合でも、熱すぎないかの確認をしてください。

　夜間はケージに毛布などをかけるようにすると暖かさがキープできます。空気がこもらないよう、完全に覆うのではなく、前面は開けておきましょう。

飼育上達のポイント
「暑すぎ」にご用心

　ヒーターの上に直接、巣箱を置くときは、巣箱の中がどのくらいの温度になるか確認してみてください。巣箱が狭かったり、巣材を入れていないと、内部が暑くなりすぎることがあります。低温やけどをしたり、熱中症のようになったり、また、暑い巣箱から寒いところに出てきて、温度差から体調を崩したりすることのないよう気をつけましょう。

　巣材を十分に入れておき、ヒーターで巣材を暖め、それでシマリスが暖かさを感じる程度がほどよいでしょう。

　底面積の広い巣箱にして、巣箱の一部だけを暖めるようにすると、シマリスは自分で快適な温度の場所を選ぶことができるでしょう。

The Squirrel　　　Care

ペットのシマリスの冬眠

● 野生のシマリスの冬眠

　野生のシマリスは、秋の終わりから春までを冬眠してすごします。厳しい寒さを乗り切るために身についた能力です。体内には冬眠をコントロールする物質があって、その濃度の変化が冬眠と関わっています。

　冬眠する場所は地下です。地面にトンネルを掘って巣を作り、秋の間に枯れ葉などの巣材やドングリなどの食料を運び込みます。

　いよいよ冬眠に入るときには、地上につながるトンネルを土でふさぎます。冬眠中は体温を3℃くらいにまで下げ、呼吸数も1分間に3～4回くらいにまで減らします。数日に一度は目を覚まして、体温を上げ、食事と排泄をし、また冬眠に入ります。そして春になると地上に戻ってきます。文献によると、シマリスのオスは平均180日間、メスは210日間、冬眠しています。

● 家庭での冬眠対策

　シマリスは冬眠時期になると体内の生理機能が変化し、いつでも冬眠に入る状態になるので、それほど寒くない部屋で飼っていても冬眠することがあります。野生下と同じように体温を下げて冬眠に入り、2～3日に一度は巣箱から出てきて食事と排泄をし、また巣に戻ります。

　冬眠はシマリスに備わった能力なので、体力があって健康な個体なら本来、冬眠しても問題はありません。しかし、心配なのは低体温症で体温が下がっているのを冬眠と間違えてしまうことです。そのため、冬眠状態になるのが心配なときや、若かったり高齢で体力のないシマリスには、部屋やケージ内を暖かく保つようにし、冬眠させないようにしてください。

　冬眠状態になった個体を起こしたいときは、急にストーブの前で体を暖めたりせず、温度の低いペットヒーターなどで少しずつ体を暖めるようにしてください。

グルーミング

本来はリスが自分でやるもの

　毛並みがきれいに整っていることは、皮膚の状態を健康に保ち、周囲の環境変化から体を守るためにとても大切です。そのためシマリスはしばしば自分の体を毛づくろいし、体を清潔にしています。普通に飼育していれば体を汚すこともないので、わざわざブラッシングをしたり、体を洗ったりする必要はありません。

　どうしても体が汚れてしまったときは、濡らして固く絞ったタオルで拭いて汚れを取ってください。洗わないとならないときはお湯で手早く洗ってから乾いたタオルで水分を取り、体を冷やさないようにしましょう。できるだけ洗わずにすむようにしてください。

伸びすぎたら爪切りを

　シマリスの爪は、木の登り降りをしたり地面を掘ったりするために先端が鋭いのが普通です。こうした活動をすることで適度に削れるため、伸びすぎることはありません。ところが飼育下では運動量が少ないため、伸びすぎてしまうことがあります。布類にひっかかるなどして危ないこともあるので、そのようなときは爪を切ってください。

　爪には血管がありますから、血管を傷つけないよう爪の先端を少しだけ切るようにしてください。ふたりでできるなら、ひとりがシマリスの体を持ち、もうひとりが切ります。小動物用の爪切りなどを使いましょう。

　一度に全部の爪を切る必要はありません。たとえば毎日、おやつを夢中で食べているときに1本ずつ切る方法もあります。無理はせず、どうしてもできない場合は動物病院でやってもらってもいいでしょう。

The Squirrel　　　　Care

生活ルールを教えよう

トイレの教え方

シマリスは、地下の巣穴では決まった場所に排泄をする習性があるので、ケージの中でトイレの位置を教えることも可能です。

基本的な教え方としては、シマリスがトイレ容器以外の場所でオシッコをしたらティッシュで拭き取り、それをトイレ容器の中に入れておきます。そうすると、自分の排泄物のにおいがする場所をトイレにするようになります。トイレ容器ではないところで排泄した場合はペット用の除菌消臭剤を使ってきれいに拭き掃除し、においを残さないようにしましょう。

どうしても別の場所にするようなら、その場所にトイレ容器を移動しましょう。

● 外に向かってオシッコする場合

木の幹につかまっているつもりなのか、ケージの側面で排泄するシマリスもいます。オシッコはケージの外側に飛び散ったり、金網を伝ってケージの底に落ちたりします。このような場合は、ケージの下にシートを敷き、周囲にペットシーツを置くようにするといいでしょう。ケージ底の掃除もこまめに行うようにします。

● あちこちにオシッコする場合

あちこちに点々とオシッコをしていることがあります。春の繁殖シーズンによくみられるもので、においつけの意味があります。これはしかたのないことです。

泌尿器の病気があるときにもこうした現象がみられます。おかしいなと思ったら動物病院で診察を受けてください。

どうしてもトイレが一箇所に定まらないシマリスもいます。個性と考え、叱ったりしないでください。

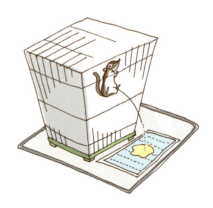

そのほかに教えておきたいこと

● 呼んだら来る

シマリスには、名前を覚えさせましょう。「自分の名前」として覚えてくれるわけではないですが、「名前」と「うれしいこと」とを結びつけて学習することはできます。名前を呼びながら食事をあげたり、部屋で遊ばせているときも名前を呼んで近くに来たらおやつをあげます。そうすると、呼べば来てくれるようになるでしょう。（おやつの入った容器を振る音で呼ぶこともできます）

● キャリーケースに入る

キャリーケースにすぐに入ってくれるよう、教えておきましょう。ケージ掃除のために移したいとき、動物病院に連れていくとき、避難が必要なときなどに役立ちます。日頃からキャリーケースの中でおやつをあげるなど、「キャリーケースに入るといいことがある」と覚えてもらいましょう。

● ものをかむことへの対応

ものをかじるのはしかたのないことです。巣箱や木の枝などは消耗品と考え、適当な時期に交換しましょう。フリースの寝袋のような布類をひどくかじっているときは、場合によっては糸くずを飲み込んでしまう可能性もあるので、使うのをやめてください。ケージの金網をかじるときは、内側にかじれる木製品をとりつける方法があります。（秋冬に人をかむことについては 79 ページ参照）

飼育上達のポイント — **シマリスの学習能力**

シマリスは学習能力が高い動物です。名前を呼ぶと（おやつがもらえるから）来るというような、飼い主にとってメリットのあることも覚えますが、ときには困ったことも学習します。

ケージの金網をかじっているときに、「かじるのをやめさせたい」と思ってケージから出したり、金網越しにおやつをあげたりしていると、「金網をかじると出してもらえる／おやつをもらえる」と学習してしまうことがあるのです。

おやつを使ってなにかを学習させるなら、「やってほしい行動」を教えるときに限ったほうがよさそうです。

The Squirrel　Care

家を留守にするとき

シマリスの留守番

　旅行や帰省、出張などで家を留守にすることがあるでしょう。そのときにシマリスの世話をどうするのか、予定が決まったら早めに考えておいてください。

● シマリスだけでお留守番

　健康で、温度管理が不要な時期かエアコンでの温度管理ができる前提で、1～2泊ならシマリスだけで留守番は可能です。

　留守中に脱走させないよう、ケージの戸締まり（ナスカンなど）をしっかり行っておきましょう。食べ物は野菜や果物などの水分の多いものはやめるかすぐに食べきる量だけにし、雑穀やペレットなどの食べ物を多めに用意しておきます。ケージの底が金網だと、万がーこぼしたときに食べられなくなるので、何箇所かに分けて置いておくと安心です。給水ボトルを落とす癖があるなら、複数、つけておきましょう。

　温度管理が必要な時期の停電など心配なら、誰か様子を見にいける人を頼んでおくといいでしょう。

● 知人に世話を頼む

　知人に、家に世話をしに来てもらったり、知人の家に預けるという方法もあります。シマリスはとてもすばしこく、慣れていないと世話をするのが大変なこともあるので、できればシマリスの扱いに慣れている人のほうが安心です。

　あまり込み入ったことまで頼まず、ごく基本的な世話だけをお願いしましょう。食べ物やトイレ砂などの消耗品は、足りなくならないよう余分に用意をしておきましょう。緊急連絡先や、もしシマリスの具合が悪くなったときはどうしたらいいかなどを事前に決めておいてください。

飼育上達のポイント　ペットホテル＆シッターサービス

　ペットホテルに預けることもできますが、多くは犬・猫を預かるホテルです。利用したいときには早めに探し、シマリスは預かれるのか、犬や猫とは別の部屋で預かってもらえるのかなどを確認しましょう。動物病院やペットショップがホテルサービスをしていることもありますが、かかりつけや常連客だけという場合もあるので、確認してみてください。

　家に世話をしに来てくれるペットシッターに頼めば、移動によるストレスを与えずにすみます。信頼関係が重要ですから、安心して任せられるシッターを慎重に探しましょう。

シマリスを連れていく

● 実家などに連れて帰る

 行き先が実家など、ある程度自由がきくなら、シマリスを連れていくことも可能です。交通手段が自家用車なら、いつものケージもしくは小型ケージを持っていきます。電車など荷物が限られるときは、小型ケージを送っておいたり、実家などよく行くところなら、保管しておいてもらってもいいでしょう。

 移動時にはキャリーケースに入れてください。巣材やフリースを敷き、もぐりこんで寝ていられるようにすると安心です。季節に応じて、トートバッグに保冷剤や使い捨てカイロを入れ、その上にキャリーケースを置くなど、間接的な温度対策を行いましょう。

● 動物病院のリストを準備

 帰省先など、これから行く場所の近辺にある動物病院を調べておきましょう。ケガや病気など、万が一のときに安心です。

● 車中への置き去り厳禁

 夏はもちろん、春〜秋の日差しの強いときには、シマリスを残したまま車から離れるのは厳禁です。車中はあっというまに温度が上昇し、熱中症になってしまいます。

● 脱走させないように

 移動中に不用意にキャリーケースを開け、脱走させたりしないようにしてください。また、自家用車だからといって車中で放したりしないでください。たいへん危険です。

飼育上達のポイント ─ 帰宅後はゆっくり休ませて

 シマリスを連れて出かけ、帰宅したら、ゆっくり休ませてあげましょう。「どうして移動しているのか？」を理解していても、知らない場所に行ったり乗り物に長い時間揺られて移動することは、けっこう疲れるものです。シマリスはなおさらストレスを感じているでしょうから、しばらくはいつも以上に健康状態に気を配りましょう。

 留守中にシマリスをどこかに預けていたということもあるでしょう。手厚く世話してもらったとしてもいつもと違う環境だったことには変わりはないので、帰宅後は様子をよく見てあげましょう。

COLUMN

シマリスの明日を考える

　私たちがペットとして飼っているシマリスは、主に中国から輸入されています。2012年の輸入数は約1万頭です。かつては韓国から輸入されていましたが、20年ほど前に輸出禁止となりました。いずれにしても、ペットのシマリスは外国からやってきた動物です。

　特定外来生物法という法律が2004年に成立しました。生態系への被害や、人の生命や身体への被害・農林水産業への被害を防ぐためにできた法律です。

　これまでにリスの仲間の中では、タイワンリス、フィンレイソンリス、キタリス、トウブハイイロリスと、タイリクモモンガが「特定外来生物」に指定されています。これらの動物は原則として、輸入や飼育などができなくなっています。日本各地で繁殖し、林業などへの被害を及ぼしているタイワンリスは、多くの個体が捕獲、駆除されています。

　どうしてこのようなことになっているのでしょうか。どの種類のリスも、人為的に日本に連れてこられたものばかりです。それが飼育施設から逃げたり、逃したりすることにより、駆除対象となってしまったのです。悪いのはタイワンリスではなく、そもそも無責任な飼い方をしていた人間ということになります。

　さて、シマリスは今、どんな状況にあるのでしょう。特定外来生物には指定されていませんから、飼うことは自由です。ただし、「要注意外来生物」としてリストアップされ、「安易な飼養はすべきでない」とされています。

　環境省が作成中の「我が国の生態系等に被害を及ぼすおそれのある外来種リスト（案）」（2014年12月現在）にも、生態系への被害が大きい重点対策外来種としてシマリスの名前が載っています。

　北海道では、エゾシマリスとの交雑が心配されています。もともとシマリスのいない本州でも、シマリスがすみついた場所で寝床や食べ物をめぐって在来の動物との競合が起こるかもしれません。シマリスがさまざまな植物や昆虫類、小鳥の雛などを食べることで、その場所で守られてきた生態系を乱すかもしれないのです。

　ペットとして飼われているシマリスは、ずっと飼育下で暮らすのが幸せです。飼いきれなくなったときに「野生動物は森の中にいるのが幸せだから」などという理由で捨てるようなことは絶対にしないでください。今後、シマリスが飼えなくなる日が絶対に来ないとはいいきれません。私たち飼い主が、つねに自覚と責任をもっていることは、本当に重要なことです。

Communication

The Squirrel
Communication with the squirrel

chapter 5
リスとのコミュニケーション

The Squirrel Communication

よりよい関係作りのために

慣らすことの必要性

　ペットのシマリスは、野生の暮らしを体験したことはありませんが、野生的な本能を失ったわけではありません。シマリスのように野生味の強い動物を家庭で飼うときに考えたいのは、人との距離感です。

　シマリスの野生的なところを尊重して、できるだけ構わずに自由にのびのびと暮らせるようにするのもとても大切なことです。

　しかし、人の暮らしの中にシマリスを迎えるからには、飼い主にはシマリスを適切に飼う責任があります。よりよい環境や食べ物を用意することや、最後まで飼うということに加えて、「シマリスを慣らす努力をすること」も飼い主の責任のひとつです。

● ストレスを減らすために

　シマリスを慣らさなくてはならないのは、飼育下でのストレスをできるだけ少なくする必要があるからです。

　飼い始めたばかりのシマリスにとっては、人との暮らしは不安に満ちたものです。恐怖感をもったままで飼い続けていれば、シマリスは飼い主をずっと警戒していなければなりません。世話をするたびに強いストレスを与えているのでは、シマリスのためになりません。体に触ることもできないようだと、健康チェックなどにも支障が出てしまいます。

　長生きならば10年以上、一緒に暮らすのです。飼い主が近くにいてくれることが安心だと思ってもらえるようにしましょう。

● 個性があることも理解して

　人と同じようにシマリスにも個性があります。最初から人を怖がらず、好奇心旺盛なシマリスも、慣れるのに時間がかかるシマリスもいます。無理をせず、時間をかけて少しずつ慣らしていきましょう。

シマリスを迎えたら

● まずはゆっくり休ませて

ペットのシマリスは、繁殖施設から日本に輸入され、ペット卸問屋やペットショップを経由して飼い主のもとにやってきます。何度も環境が変わり、長旅でとても疲れているうえ、子リスですから体力もありません。大切なのはゆっくり休ませることです。まずは疲れを回復させてましょう。（具合が悪いときは動物病院に連れていってください）

● 新しい住まいに慣らす

人に慣らす前に、新しい住まいに慣らしましょう。寝床できちんと寝ているか、食べ物の場所はわかっているかなど、様子を見てください。給水ボトルの使い方がわからないときは、落ち着いてから教えればいいので、お皿で飲み水を与えておいてください。

トイレに関しては、習慣づく前に覚えてくれると助かります。基本のトイレの教え方を

始めてみましょう。ただし無理せず、様子を見ながら。

基本的な世話を手早くすませるほかは、シマリスがケージの中から周囲の環境を観察できるようにしておきましょう。落ち着かせようとケージに布をかけたりすることはありません。音やにおいだけがして様子が見えないのではかえって不安ですから、飼い主は日常的な生活を続けながら、シマリスが新しい住まいに慣れるのを待ってあげましょう。

Chapter 5　リスとのコミュニケーション

The Squirrel Communication

シマリスの慣らし方

シマリスがある程度落ち着いて暮らすようになってきたら、少しずつ人にも慣らしていきましょう。ここで挙げているのは慣らし方の一例です。

1．声をかけながら食事を与える

シマリスに限らず動物にとって、命のみなもとである食べ物をくれる人には慣れやすいものです。毎日の食事は、優しく名前を呼びながらケージの中に入れましょう。

2．手からおやつを与えてみる

ケージの中に食器を入れるときに逃げまわったり巣箱に隠れたりしなくなったら、ケージの中で、手からおやつを与えてみます。万が一脱走したときのため、部屋のドアや窓が閉まっているかしっかり確認をしてから行ってください。

好奇心旺盛なシマリスだと、すぐにおやつを取りにくるものですが、怖がりな子だとお

やつを取りに来るまでに少し時間がかかることもあります。右ページの飼育上達ポイントも参考にしながら、気長にやりましょう。

3．体をなでてみる

ケージに手を入れたらすぐにおやつを取りにくるようになったら、少しだけ体をなでてみましょう。しつこくせずにごく短時間だけにします。体にさわられるのは怖いことではないと理解してもらいましょう。

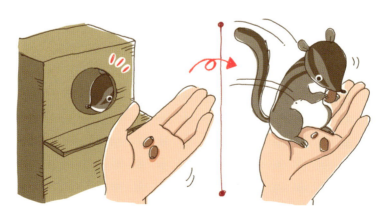

4．ケージから出すなら十分に慣れてから

シマリスを部屋に出して遊ばせたいときは、人によく慣れてからにしましょう。

ケージの外はシマリスにとって目新しい環境なので、怖がりの子はびっくりして逃げ場所を探そうとし、物陰や家具の裏などにもぐりこんでしまうことがあります。そのうえ人にも慣れていないと、怖いのでなかなか出てきません。無理に追い立てたりすると、ますます慣れにくくなってしまいますし、ケガをさせたりする危険もあります。

好奇心の強い子だと、あちこち探検を始めてしまい、やはり狭いところに入り込みます。どちらの場合も、人によく慣らしておけば、おやつで呼び寄せ、楽にケージに戻すことができるでしょう。

5．部屋の中での慣らし方

部屋に出しているときにも、シマリスとの信頼関係を深めることができます。

まずは「なにもしない」ことです。怖い記憶や嫌な記憶は忘れにくいので、追いかけたり、捕まえようとしないでください。本でも読みながらただそこに座っていると、シマリスが近づいてきて様子を伺うでしょう。体に登っても嫌なことをされない、と理解してもらうのです。近くに来たらおやつをあげるのもいいでしょう。

【注】シマリスが慣れたら気をつけて

よく慣れたシマリスを遊んでいるときに注意すべきこともあります。74、75ページ、79ページをご確認ください。

Chapter 5　リスとのコミュニケーション

飼育上達のポイント　　　　　　**接する前に深呼吸**

シマリスとふれあおうとするとき、飼い主のほうが緊張して体が硬くなっていたり、息を詰めていたりしないでしょうか？　この状態はシマリスから見ると「これから自分を襲おうとしている天敵」と同じです。人の緊張感はシマリスにも伝わります。そしてシマリスは、いつこから逃げ出そうか……と警戒し、慣れるどころではありません。

シマリスと接するときには、肩の力を抜いてリラックス。深呼吸をして緊張感を取り除いてください。飼い主がおだやかでいることは、シマリスとのよい関係作りに欠かせないポイントです。

The Squirrel　　　　Communication

リスと遊ぼう

シマリスに欠かせない「遊び」

「遊び」は、シマリスの毎日に欠かせないものです。そこにはシマリスを健やかに飼うための大切な目的があります。

● 運動のために

野生のシマリスは広い行動範囲をもち、食べ物を探したりしながらたくさん動きまわっています。ペットのシマリスに同じような広い住まいを提供することはできませんが、できるだけ体を動かす機会を作りましょう。運動をすることで筋力もつき、体力をつけることができますし、腸の動きも活発になります。お腹が空けばしっかりと食事をしてくれます。ジャンプの着地などの動作によって爪が適度に削れるという利点もあります。

● 行動レパートリーを増やす

走ったり、探検をしたり、ものをかじったり、食べ物を隠したりするのは、もともと野生下でもみられる本能的な活動です。こうした活動のレパートリーを飼育下に取り入れることは、動物の心身の健康のためにとても大事なことなのです。遊びを通じて、こうした活動を暮らしの中に取り入れましょう。

● 頭を使うために

「遊び」は体を動かすことだけではありません。ケージの中に止まり木が増えたら、どうやって使おうかと考えたり、新しいおもちゃでどうやって遊ぶのか考えたり、または隠したおやつを探させたりと、頭を使うことも大切な遊びの要素です。

● コミュニケーションのために

シマリスの遊びの時間は、飼い主とのコミュニケーションの時間にもなります。呼んで来たらおやつをあげたり、肩まで来たらおやつをあげる、というのも遊びながらコミュニケーションをとる方法です。

ケージ内での遊び

シマリスが一番長くいるのはケージの中です。ケージから出して遊ばせる時間があるとしても、ケージの中にいる時間も豊かなものにしてあげましょう。

止まり木やコーナーステージなどのロフトを活用することで、登り降りしたり飛び移ったりできるレイアウトを作ります。ケージサイズに余裕があれば、巣箱のほかにも寝床を用意しておいたり、床材を厚く敷き詰めて、掘ったりもぐったりできるようにしておくのも、行動レパートリーを増やすのに役立つでしょう。

ケージ内での遊びといえば回し車が定番です。設置する場合は十分な直径のものを選びましょう。床に置くタイプと金網に取りつけるタイプがありますが、使っているときにシマリスがケガをしないよう、安全面の配慮を行ってください。

かじれるものを用意しておくと、シマリスは熱心にかじります。樹皮のついた止まり木などの飼育グッズ、木製のおもちゃなどのほか、オニグルミのような殻の硬い木の実も、かじって遊ぶことができるものです。

おやつをあげるときにひと工夫すると、ケージ内での遊びを増やすことができます。たとえば、かじっても安心なもの（うさぎ用などで売られているわら製のおもちゃなど）の隙間におやつを隠して探させたりすることもできます。

飼育上達のポイント
ケージ内だけで遊ばせること

シマリスを必ずケージから部屋に出して遊ばせなくてはならない、というわけではありません。

遊ばせるのに安全な部屋ではない、シマリスの活動時間である昼間に遊ばせることができない、たまにしか遊ばせることができないなど、ケージ内だけで飼ったほうがいいケースもあります。

ケージの中しか知らなければ、シマリスにとってはそれがすべてですから、出さないことが不幸ではありません。

ケージ内だけで遊ばせるなら、退屈せず、いろいろな行動レパートリーが再現でき、しっかり体を動かせるような、十分な広さのケージで飼育することが必要です。

The Squirrel Communication

部屋に出すときの注意点

シマリスを部屋に出して遊ばせるときは、室内が安全かどうかを十分に確認してください。シマリスは狭い場所にもぐりこんだり、高いところに登ったりできます。まさかこんなところまで、と思うような場所に行ってしまったりすることもあります。また、それが食べ物ではなくても、かじってしまうこともあります。

シマリスを遊ばせるスペースが広ければ広いほど、注意しなくてはならない箇所が増えていきます。遊ばせるのは、決まったひとつの部屋だけにしましょう。

ワンルームのような間取りの場合には、シマリスを遊ばせているときに来客があったら必ずケージやキャリーケースに入れてからドアを開けることや、トイレや風呂場に入らないようにすること、台所を使っているときはケージに戻すことなど、安全対策に十分に注意を払ってください。

⚠ **家具の隙間**：裏にゴキブリ取りが仕掛けてあったり、医薬品が落ちているのに気づいていないことも。ティッシュペーパーを運び込んで巣を作ろうとすることもあります。電化製品の裏や、近くにコンセントがあれば火災の危険もあります。隙間には入り込まないようふさいでおきましょう。

⚠ **電気コード**：かじると感電します。保護チューブを使ったり、テレビやパソコンの裏側には行かないようガードしましょう。

⚠ **エアコン周囲の隙間**：壁を登って入り込む可能性も。入りそうな隙間がないか確認しておきましょう。

⚠ **窓の戸締まり**：ケージから出す前にドアや窓が閉まっているかの確認をする習慣をつけましょう。

⚠ **ドアの開閉時**：シマリスはとてもすばしこい動物です。ドアから離れたところにいるからとドアを開けても、すぐに寄ってくることがあります。あわてて閉めてドアに挟むような事故もありますから、十分に注意を。

⚠ **人の足元**：慣れてくると人のそばにすぐに来るようになります。部屋を歩いているときに急に足元に来ることもあり、不幸にも踏んでしまったり、蹴ったりする事故が起こっています。シマリスを部屋に出しているときには、どこにいるかをいつも確認し、バタバタと歩くのはやめておきましょう。

⚠ **中毒性のあるもの**：医薬品、タバコや吸い殻、化粧品や化学薬品等、シマリスが口にすると危険なものは収納しておいてください。観葉植物の中にはポトスなど食べると毒性のあるものもあります。

また、そのものに毒性はなくても、消しゴムやリモコンのボタン、発泡スチロールなどをかじって食べてしまうとお腹の中で詰まったりするので注意してください。

⚠ **ラグマットなどの下**：ラグマットやクッションなどの下にもぐりこんでいることがあります。気がつかずに踏みつけては大変なので、「今どこでなにをしているのか」の確認はとても重要です。

The Squirrel　　　　　Communication

家庭でもみられる行動＆しぐさ

高いところに登る

木に登ったり穴掘りをするのに適した鋭い爪は、家の中でも実力を発揮。カーテンはもちろんのこと、垂直な壁さえ登ってしまうこともあります。飛び乗ることのできない高い家具の上にも、壁をつたって行くこともできるので、室内での行動範囲はとても広いのです。

頬袋に食べ物を入れる

毎日豊富な食べ物を与えていても、特に秋や冬になると頬袋に食べ物を入れ、あちこちに貯蔵しようとします。巣箱の中やケージの隅、室内でも部屋の隅や、ときにはぬいぐるみなどをかじってその中に隠すことも。カビが生えることもあるので時々チェックして回収を。

巣材を運ぶ

そろそろ寒くなってきたことを感じさせる行動のひとつ。巣材を口にくわえて巣箱の中に運び込みます。細長い巣材だと、器用に折りたたみながら口にくわえる様子をみることも。部屋で遊ばせているときに、家具の裏などに巣材を運んで「別宅」を作ることもあるので注意。

穴掘り&土かぶせ

頬袋に入れた食べ物をどこかに隠すときにみられるしぐさ。まず床を掘り（土に穴を開けているつもり）、頬袋から食べ物を出し、そのあとその周囲を叩くようにします。これは、土をかけて食べ物を隠し、その土を叩いて固めているつもりのようです。

しっぽを振る

体を少し低くして身構え、しっぽを大きく左右にゆっくり振るしぐさがみられることがあります。モビングといいます。警戒や威嚇を示すしぐさです。しっぽを振りながら後ろ足で地面を叩くことも。家庭では、特になにも問題なさそうなときにやっていることもあります。

毛づくろい

シマリスの毛づくろいはとても念入りです。前足をなめてから顔をぬぐい、お腹や背中、後ろ足などもきれいに毛づくろいします。しっぽの毛づくろいは、根本から先端までとても丁寧に行います。毛づくろいには、自分の気持ちを落ち着ける役割もあるようです。

Chapter 5　リスとのコミュニケーション

The Squirrel　　　Communication

シマリスの鳴き声

シマリスは普段、鳴くことはそれほどありません。シマリスが鳴くのは、とても驚いたり警戒しているとき、不快なときや怒っているとき、そして繁殖シーズンです。

急な物音などに驚いたり、警戒しているときには、「キッ！」という鋭い鳴き声をあげます。怒っているときには、「ククク…」と鳴きながら相手を追い払おうとします。無理に体をつかんだり、足をどこかにひっかけたりして痛みがあったときには「ギャッ」という鳴き声をあげます。

普段は単独で暮らす野生のシマリスが繁殖シーズンだけは相手を求め、鳴き声をあげてアピールします。頬をふくらませ、「ホロホロ」「コロコロ」と聞こえる鳴き声で鳴いたり、「ピッ」と小鳥のような鳴き声をあげたりします。特にメスは春に数回、一日中、鳴いていることもあります。

シマリスの感覚

● 視　覚

昼行性のシマリスは、優れた視覚をもっています。目の位置が顔の側面にあり、視野は広いですし、正面を両目で見ることもできるので、ものを立体視することができます。これは、木から木へと飛び移るときなどに役に立ちます。

● 聴　覚

小さな物音にも反応します。おそらく、人に聞こえないような周波数の高い音も聞こえているのではないかと思われます。

● 嗅　覚

土の中に埋めたドングリなどの木の実を見つけることができる能力があり、嗅覚も非常に鋭いと考えられます。

● 触　覚

ヒゲなどの触毛で、狭い場所の幅を測ることができます。

シマリスの気が荒くなること

● 気が荒くなる理由

とても慣れていたシマリスが、秋のある日に突然、驚くほど攻撃的になり、かみついてくるようになることがあります。この行動は秋、冬と続き、春になるとまた突然、以前のようなよく慣れた状態に戻ります。これを毎年繰り返すというシマリスはけっこう多いものです。

シマリスの気が荒くなる時期と、体内で冬眠をコントロールする物質の濃度が変化する時期（60ページ参照）とは合致しています。この時期、シマリスの体は冬眠モードになっています。本来なら、閉鎖された地下の巣穴で誰にも邪魔されずに1匹だけで冬眠をしているときです。冬眠を邪魔するのは敵でしかないのでしょう。そのため、他者を寄せつけようとしない本能が強く働き、攻撃的になるのだと考えられます。

● 気が荒くなる時期の接し方

急に攻撃的になってしまい、悲しい思いをする飼い主も多いと思います。しかしシマリスも好きで攻撃しているわけではなく、自分の身を守ろうと必死なのだと理解してあげてください。

この時期は無理にコミュニケーションをとろうとせず、最低限の世話だけはきちんと行ってください。ケージ掃除をするときには一度、キャリーケースなどに移してからやったり、シマリスが寝ている間に掃除する方法もあります。

部屋に出して遊ばせているときにも人にかみついてきます。甘がみではなく、本気でかみつきますから、無理に部屋に出さず、この時期は室内遊びはとりやめにしてもいいでしょう。手にかみつかれたときに振り払い、シマリスにケガをさせる心配もあります。

なお、気が荒くなっているわけではなく、体調が悪いときにしつこくかまっているとかみついてくることもあります。

脱走したとき・保護したとき

シマリスが脱走、どうしよう

　窓や玄関からシマリスが外に出てしまったら、すぐに家の周囲を探してください。すぐに遠くに行ってしまうよりも、しばらくは近くにいることが多いようです。

　ケージやプラケース、虫取り網などを用意し、おやつ容器を振る音をさせたり、好物を撒きながら、木の上、植え込み、ものかげ、U字溝の中などを探してみましょう。近隣の家の周りや庭も、声をかけて探させてもらってください。また、集合住宅の場合にはベランダをつたって他の部屋に行っていることもあります。

　時間がたつと遠くに行ってしまうこともありますし、自動車、猫、カラスなどシマリスの天敵が多い屋外では事故に遭っている可能性もあります。しかし、運よく保護されていることもあるので、あきらめずに探してください。

　すぐに見つからなかったときは、チラシを作って近隣に配布したり、町内会の掲示板など、貼っていい場所に張り出します。また、保健所、動物愛護センター、警察や交番、動物病院、ペットショップなど、シマリスを保護した人が連絡しそうな施設にも聞いてみましょう。インターネット上の地域コミュニティやSNSに情報を載せる方法もあります。

シマリスを保護した、どうしよう

　シマリスを飼育するきっかけが「保護した」という方も、少数ですがいらっしゃいます。ケージごと放置されているような、明らかに捨てられたと思われるケースもあれば、逃げ出したシマリスを発見して保護するケースもあるでしょう。人懐っこいシマリスだと、保護されやすいようです。

　いずれにせよ、保護したシマリスは「拾得物」です。所有権は保護した人にはありません。すぐに警察に拾得物の届け出をしましょう。そのさい、家で預かることができるなら申し出てください。保護したシマリスの病歴などがわからないので、すでにシマリスを飼っている場合には、保護したシマリスと家にいるシマリスの接触がないようにしてください。

　3ヶ月間、所有者が名乗り出てこないときは、所有権が保護した人に移ります。

　うっかり逃してしまい、飼い主が必死に探しているかもしれません。逃げた場合と同様に動物愛護センター、警察、動物病院等に連絡をしておいたり、SNSなどに情報を載せたりして、飼い主に情報が伝わる努力をしてあげましょう。

　なお、北海道のエゾシマリスは鳥獣保護法の対象動物で、勝手に飼育することはできません。

The Squirrel
Health care of the squirrel

chapter 6
リスの健康管理

The Squirrel　　Health care

リスの健康のために

シマリスを守るのは飼い主の役目

わが家に迎えたシマリスには、健康に長生きしてもらいたいものです。そのためには、どんなことに気をつけて飼えばいいのかを考えてみましょう。

まず、シマリスがどんな動物なのかを知ることです。そうすると、どんな環境や食事が必要なのかも理解しやすくなるでしょう。たとえば夏、シマリスしかいないのにエアコンをつけておくのはもったいないな、と思うかもしれませんが、もともと北国出身の動物なのだと思えば、温度管理が大切なことも納得いくことと思います。

健康チェックは、世話をするときに行えば大変なことではありません。毎日、シマリスの体調を確かめるようにしましょう。

そしてなによりも、シマリスが具合が悪くてもそのことをしゃべって教えてくれないのだということを肝に銘じましょう。そして、気になるところがあれば動物病院で診察を受けてください。

病気は獣医さんが治療してくれますが、病院に連れていく判断をするのは飼い主です。シマリスの健康を守ることができるのは飼い主だけなのです。

健康シマリスのための5つのキーポイント

1. シマリスの生態を理解しよう
2. 適切な環境作りをしよう
3. 適切な食事を与えよう
4. 毎日の世話に健康チェックを取り入れよう
5. 具合が悪ければ動物病院に連れていこう

かかりつけ動物病院をみつけよう

シマリスを飼うことを決めたら、診てもらえる動物病院を探してください。シマリスのようなエキゾチックペットを飼うにあたってのとても大切な作業です。動物病院ならどんな動物でも診察するというわけではありません。近所に動物病院があるからと安心していたのに、いざ連れていったら「シマリスは診ません」と言われることもあります。

多くの動物病院では普通、診療対象は「犬・猫」です。エキゾチックペットを診ていただける動物病院も増えてきましたが、多くはありません。また、地域差もあります（都市部では多いが地方では少ない）。

このような事情があるので、病気になってから動物病院を探してもなかなか見つからないこともあります。なるべく早いうちに、シマリスを診てもらえる動物病院を探しておきましょう。

● 動物病院の探し方

万が一のときにすぐに行けるので、かかりつけ動物病院は近所にあるのがベストです。近所に動物病院があるなら、診てもらえるかどうか聞いてみましょう。シマリスをたくさん診る経験のある動物病院がおすすめですが、診療経験は少なくても熱意のある先生もいらっしゃいます。

インターネットで検索したり、シマリスを扱っているペットショップで聞いてみることもできます。また、実際にシマリスを飼っている飼い主にかかりつけ動物病院を教えてもらうのもいい方法です。

診てもらえる動物病院が見つかったら、健康診断を受けに連れていくといいでしょう。健康なときの状態を見ておいてもらうのは大切なことです。

● 緊急時の動物病院も要チェック

かかりつけ動物病院の休診日にやっている動物病院や、夜間にやっている動物病院も調べておくといいでしょう。

Chapter 6　リスの健康管理

The Squirrel　　　　　Health care

季節ごとの健康管理

● 春

　春は冬眠シーズンが終わり、繁殖シーズンを迎える季節です。体内での生理的な変化も大きいので、体調変化がないか健康チェックを行いましょう。

　秋冬に気が荒くなっていたシマリスも春にはおだやかになります。冬は落ち着いて健康チェックできなかった、ということもあるので、体の様子をよく観察しましょう。

　秋冬に食欲旺盛になって太りぎみになるシマリスと、食べ物を貯蔵することに集中し、やせるシマリスがいます。活発な季節に向けて栄養バランスのいい食事を与えるようにしてください。

　寒暖の差が大きい季節でもあります。気象情報をチェックし、寒くなる夜にはヒーターを用意するなど、状況に応じた温度対策を行うようにしましょう。

● 夏

　暑さ対策が大切な時期です。暑くても平気そうに見えるから、などと思わず、エアコンを使って温度管理を行い、できるだけ涼しい夏をすごさせてあげてください。熱中症にならないまでも夏バテ状態が続くと、秋になってから体調を崩すこともあるので注意しましょう。

　エアコンを使う場合は、送風がシマリスのケージに当たり、涼しくなりすぎていないか確認してください。

　秋冬に気が荒くなるシマリスだと、体に触れての健康管理ができなくなる時期が近いので、夏のうちに十分な健康チェックを。家で爪切りをしているなら、今のうちにやっておいたほうがいいでしょう。

　温度や湿度が高いと、食べ残しが傷みやすいなど、ケージ内が不衛生になりがりです。掃除はこまめにし、夏でも巣箱に食べ物を隠すくせがあるなら、巣箱チェックも行っておくといいでしょう。

春・夏の健康ポイント
- □ 体に触れて行う健康チェックを。
- □ 春は体内バランスを崩しやすいので、体調変化に要注意。
- □ 春の寒暖の差、夏の暑すぎ、涼しすぎに注意。
- □ バランスのいい食事を与えよう（夏は動物質を多めに与えてもよい）。
- □ 夏は不衛生にならないようこまめな掃除を。

● 秋

　冬に向けて食べ物を貯蔵しはじめます。実際に食べているのか、隠したことで満足しているのかわかりにくくなってくるので、体重、排泄物の状態なども見ながら、しっかり食べているかを確認しましょう。

　地域やその年によって、10月くらいまで暑いこともあれば、9月にはもう冷え込んでくることもあります。エアコン使用、ペットヒーター使用などをこまめに切り替えられる準備をしておきましょう。

● 冬

　暖房装置を使って温度管理をしているときは、寒暖の差に気をつけましょう。人が部屋にいるときには暖かくしていて、誰もいなくなるときはスイッチを切るという場合、急激に寒くなることもあります。エアコンなど安全な暖房装置をつけたままにしておいたり、ケージに毛布などをかけたりして、寒暖の差が大きくならないようにしてください。

　ケージの中にフリースの寝床など暖かなものを入れるときは、かじったり爪が引っかからないかどうか確認しましょう。

　室内の湿度は、人のためだけでなくシマリスのためにも適度に加湿しましょう。

　気が荒くなっているとコミュニケーションが取りにくく、体を触っての健康チェックがしにくいこともあります。外見、食欲、食べているときの様子、排泄物の状態、排泄しているときの様子、日常の行動などをよく観察するようにしましょう。

秋・冬の健康ポイント

- □ 貯蔵に熱心すぎてやせることも。よく食べているか確認しよう。
- □ 初秋には暑い日も冷え込む日もある。どちらの場合も対応できる準備を。
- □ 寒暖の差が大きくならないよう気をつけて。
- □ 乾燥しすぎないよう室内は適度な加湿を。
- □ コミュニケーションがとりにくいときはよく観察して健康チェック。

The Squirrel　　　　　　　Health care

年齢別の健康管理

● 若いシマリス

迎えたばかりの幼い子リスは体調を崩しやすいので、飼育管理には細心の注意が必要です。暖かな環境を作り、栄養価の高い食べ物を与えましょう（56ページ参照）。

まだ体力がないため、具合が悪くなると症状の進行も早いですから、様子がおかしいなと感じたらなるべく早く診察を受けることを考えてください。

若いうちに習慣づけておきたいのは、体を触られることに慣らすことです。できものがないか、痛みを感じるところがないかなど触ってわかることもありますし、人の手に慣れていれば爪切りをするときや、治療を受けるさいにもストレスがすくなくてすみます。また、投薬しなくてはならないときのために、シリンジやスポイトからおやつ代わりにペットミルクを飲ませるのもいいでしょう。

● 高齢シマリス

個体差はあり、10歳近くなっても元気いっぱいなシマリスもいますが、一般的には4～5歳をすぎるとそろそろ老いのきざしがみられるようになってきます。

衰えに気がつきやすいのは、運動能力の低下です。シマリス自身が思っているよりジャンプ力がなくなっていたりするため、止まり木から止まり木に飛び移るときに落下しそうになったりします。クッションになるように床材を厚く敷く、高い場所に止まり木やロフトがあるなら、そこから降りるときに足場となるように止まり木などを増やすといった対応でケガを防ぎましょう。

高齢のシマリスにとって大きな環境変化はストレスとなるので、レイアウトの変更などは徐々に行ってください。

歯が弱くなってきて硬いものが食べにくくなることもあります。人の食用の雑穀をふやかしたり、ペレットをふやかしたものも与えてみるといいでしょう。

若いシマリスの健康ポイント
□幼い子リスには細心のケアが必要。
□体調が悪ければ早急に診察を。
□ストレス軽減のためにも人の手に慣らそう。

高齢シマリスの健康ポイント
□運動能力が落ちてきたら徐々にケージレイアウトの見直しを。
□硬いものが食べにくくなってきたら柔らかいものも与えよう。

シマリスの健康チェック

● シマリスのSOSを見逃さないで

私たちは、具合が悪ければ自主的に病院に行ったり、薬を飲んだり、家族などに辛さを訴えたりすることができます。しかしシマリスは体調の悪さを伝えてはくれません。

また、動物は天敵に狙われやすくなるのを避けるため、弱った姿を見せようとしません。そのため、かなり具合が悪くなってからでないと気がつかないことがあるのです。

ある日いきなり重い病気になることはありません。病気になるときには何らかの異変が起きているはずです。軽いうちに治療を始めれば治る可能性も高くなります。そのためにも、シマリスの体が発するわずかなSOSを早くみつけることがとても大切です。

「病気をみつけるため」ではなく、「健康なことを確かめるため」と考えてもいいでしょう。

● 日々の世話に取り入れる

シマリスの健康を確かめ、体調に異変がないかどうかをいち早くみつけるため、健康チェックは毎日必ず行いましょう。

といっても「健康チェックの時間」をわざわざ作らなくてもいいのです。シマリスの世話は毎日行うことですから、その中に「○○をしながら健康チェック」という手順を取り入れればいいのです。

食事を与える時間には、食器を片つけながら、食べ残しが多くないか、硬いものだけ残していないかなどを確かめてから食器を洗いましょう。食事をケージに入れたときにすぐに食べ始めるかどうかで、食欲があるかどうかもわかります。

トイレ掃除をするときには、排泄物を捨てながら状態を確認しましょう。

また、ケージの中や室内で遊んでいる様子を眺めながら、外見の変化がないかどうかという点や、体の動きや元気のよさなどを確かめることもできます。

The Squirrel Health care

> 健康チェックのポイント

□ 目
目ヤニが出ていませんか？ 涙目になっていませんか？ ショボショボさせていませんか？ 白く濁っていませんか？ どんよりした感じはありませんか？

□ 耳
耳の中が汚れていませんか？ 傷はありませんか？ 掻いてばかりいませんか？

□ 鼻
鼻水が出ていませんか？ クシャミばかりしていませんか？ 呼吸するときに異常な音はしませんか？

□ 歯と口の周り
かみ合わせがおかしくないですか？ 口を閉じているのに歯が見えていませんか？ 頬袋に食べ物を隠していないのに頬が腫れたりしていませんか？ 口の周りが汚れていたりしませんか？

□ 指と爪
傷や腫れはありませんか？ 爪が伸びすぎていませんか？ 爪が折れたり抜けたりしていませんか？

□ 毛と皮膚
毛並みや毛づやがいいですか？ 脱毛していませんか？ フケは出ていないですか？ 皮膚が赤くなったり傷はありませんか？ 腫れやしこりはありませんか？ （毛づくろいではなく）ずっとなめたりかじったりするところはありませんか？

□ しっぽ
脱毛していませんか？ 毛が短く切れたりしていませんか？ （毛づくろいではなく）しっぽを自分でかじっていませんか？

□ お尻の周囲
肛門の周りが便などで汚れていないですか？ 出血はありませんか？ 生殖器のまわりが汚れていないですか？ 生殖器から分泌物は出ていませんか？

□ 便
軟便や下痢はしていませんか？ いつもより小さくなっていませんか？ 量がいつもより少なくなっていませんか？
【正常な便は黒〜黒褐色で、長さ3〜5mmほど、丸みを帯びた楕円形】

□ 尿
血が混じったりしていませんか？ いつもより少なくなったり多くなっていないですか？
【正常な尿はにごっておらず薄い黄色】

□ 行動
元気はいいですか？ 足を引きずったりしていませんか？ いつもと違う動きをしていませんか？ 顔が傾いたりしていませんか？

□ 呼吸のしかた
口を開けて呼吸していませんか？ 全身を使って息をしているようにみえませんか？

□ 排泄のしかた
排泄に時間がかかっていませんか？ 排泄のときに痛そうにしていませんか？ 尿をあちこちにするようになっていませんか？

□ 食べ方・飲み方
食欲はありますか？ ものを食べているときに食べこぼしたり、よだれを垂らしていませんか？ ものを食べるときに顔を斜めにするなど食べにくそうにしていませんか？ 水を飲まなくなったりしていませんか？ 水を飲む量が増えていませんか？

□ 体重
成長期ではないのに急激に増えたりしていませんか？ 体重が減っていませんか？

飼育上達のポイント　　健康日記をつけよう

定期的な体重測定の結果や日々の健康チェックの結果を記録しておく健康日記をつけましょう。気になるところがあったらメモしておく程度でも十分です。

特に記録しておきたいのは、周囲の環境も含めて「いつもと違うこと」があったときです。変わった食べ物をあげたことが下痢の原因になったり、近所の道路工事の騒音がストレスになることも。気象の変化が関連することもあります。「いつから体調が悪かったのか」は診断にあたっての重要な情報のひとつなので、動物病院で診察を受けるときには持参するといいでしょう。

The Squirrel　　　　　Health care

シマリスにみられる症状

シマリスに多い病気

シマリスがかかる病気にはさまざまなものがあります。風邪のような病気もありますし、お腹をこわしたりもします。シマリスに多いのは不正咬合や肺炎・鼻炎、腸炎、皮膚炎などの病気ですが、そのほかの内臓の病気や神経の病気、ホルモンの病気など、人と同じようにたくさんの病気があります。

ただしシマリスの病気やその治療方法については、犬や猫ほどには研究されていないということも知っておく必要があります。具合が悪いと思ったときには症状が進む前に動物病院で診察を受けましょう。

この本では、シマリスが病気のときにみられる症状を中心にとりあげています。

食べ方の異変

シマリスに多い病気のひとつ「不正咬合」は、切歯のかみ合わせが異常になる病気です。シマリスの切歯はずっと伸びつづけますが、かみ合わせが正常なら、食事をしたり自分で歯をこすり合わせたりすることによって削られ、伸びすぎることはありません。

ところが、ケージの金網をしつこくかじっていたり、落下して顔を床に打ちつけたりすると、歯の根元に炎症が起こったりして、歯が正常に伸びなくなります。かみ合わせが悪くなると、歯がきちんと削られずに伸び続けます。口が閉じられなくなったり、歯で口の中を傷つけたりするので、ものを食べられなくなります。また、なんとかして食べようとして、正常ではない姿勢で食べていたり、きちんとかめないのでボロボロと食べこぼすこともあります。食欲があっても痛みがあるために食べなくなり、やせてしまいます。

食欲がなくなる病気はたくさんあります。歯や口の中に異常があれば食べられません。消化器の動きが悪いときや、体に痛みがあるときにも食欲がなくなります。なにかの病気がなくても、強いストレスを感じているときにも食欲不振になります。単なる「好き嫌い」で与えたものを食べないこともありますが、好きなものも食べないのはなにか問題があると考えてください。

食べる量が減るので、便が小さくなったり量が少なくなるという症状もみられます。

食べてるところチェックしてね

便の異常

シマリスにみられる便の異常には、下痢、軟便、便秘などがあります。

下痢や軟便の原因のひとつは、細菌感染や寄生虫感染などです。病原菌が原因ではなく、食べたことのないものを急にたくさん食べたことが原因で下痢をすることもあります。食べ物に関係するものとしては牛乳が知られています。牛乳に含まれる乳糖が分解できないと下痢をするので、ミルクを与えたいときはペット用やヤギミルクを与えましょう。

また、環境の急変など強いストレスによって腸内のバランスが崩れることも、下痢の原因となります。

下痢をすると脱水や直腸脱を起こすなどそのほかの症状も起きることがあります。また、体力を奪いますし、特に幼い子リスにとっては命に関わることもよくあります。

便が小さくなる、量が少なくなる、出なく

ウンチの確認 毎日してね

なるなどの原因としてよくあるのは、消化管の閉塞です。ビニールや大量の糸くずなどの異物を飲み込んで腸の中に溜まったり、ストレスによって腸の動きが悪くなり、食べ物や異物が排泄されずに詰まってしまいます。摂取する水分が少ないことも原因となります。お腹が膨れたり、痛みのためにじっとしていることもあります。「便秘くらいのことで」と簡単に考えず、便に異常がみられたらなるべく早く診察を受けましょう。

Chapter 6 リスの健康管理

飼育上達のポイント

便の採取

動物病院で行う検査のひとつに検便があります。検便によって、便に混じっている細菌や寄生虫やその卵などを見つけ、病気の原因を探します。

検便のためには新鮮な便が必要です。動物病院に連れていったときに排便するとは限らないので、家で便を採取しておくといいでしょう。また、先生の指示があれば、便だけを持っていって検査してもらうこともあります。

できるだけもっていく直前に排泄した便をラップでくるんだり、フタつきの使い捨てカップに入れるなどしてもっていきましょう。

point

The Squirrel　　　　　Health care

鼻水

　幼い子リスによくみられるものに、鼻炎、気管支炎や上部気道炎、肺炎などの呼吸器の病気があります。かかりたての頃にみられる症状が、鼻が詰まっているような音、鼻水やクシャミです。子リスの場合にはすぐに症状が進むことが多いので、異音や鼻水を出していたり頻繁にクシャミをするようなら、すぐに動物病院で診察を受けてください。移動時の保温も心がけましょう。

　まったく異常がなくてもクシャミはしますので、一度のクシャミで慌てることはありませんが、頻繁ではないか、鼻水は出ていないか（すぐに拭いてしまうので気づかないことも）、呼吸時に異音はしないかなどの点にも注目してみてください。

　こうした症状は上の切歯の歯根に問題があるときにもみられることがありますので、おかしいなと思ったら診察を受けてください。

体重の減少

　シマリスの体重が減るのにはさまざまな理由が考えられます。

　消化器の病気や不正咬合などがあるときや、そのほかの病気で痛みや不快感などがあって食欲が落ちているときなどに、食べる量が少なくなって体重が減ります。強いストレスも食欲不振の原因になります。

　高齢化もやせてくる原因のひとつです。体力の衰えを助長することがないよう、食べやすいものを与えましょう。

　シマリスが食べ物を貯蔵する時期である秋や冬に、貯蔵に熱中するあまり、食べる量が少なくなってやせることもあります。これは異常ではありませんが、栄養価の高いものも少し、与えるようにするといいでしょう。

　摂取する水分が足りないと、食べる量が減ることがあります。給水ボトルから水が飲めているのか確認しましょう。

体重の測り方

　体重はキッチンスケールで測るのが便利です。プラケースなどを利用するのがいいでしょう。プラケースにシマリスを誘導してから蓋を閉め、キッチンスケールの上に乗せます。プラケースの重さを引けば、シマリスの体重がわかります。

尿の異常

尿の異常には、血が混じっている、濁っている、量が少ない、量が多いといった尿そのものの異常と、排尿に時間がかかる、排尿時に痛そうな様子をする、頻繁に少しずつ尿をするなど、排尿時の様子の変化があります。トイレを覚えているのにトイレ以外の場所に少しの排尿がある場合には、尿漏れのこともあります（繁殖シーズンに、においつけとして点々と排尿することもあります）。

シマリスの泌尿器の病気には、膀胱炎や尿道炎、結石、腎臓疾患などがあります。

子宮疾患による出血で、尿に血が混じっているように見えることもあります（シマリスに「生理」はありません）。

食べたものの色素によって濃い色の尿をすることもあるので、見た目だけで判断するのではなく、おかしいと思ったら動物病院で検査してもらいましょう。

元気がない

シマリスは活発な動物なので、起きているときは元気よく活動しています。昼寝もしますが、これも正常なことです。しかし、動きまわらずじっとしている、気力がなさそうにみえる、好物への反応が悪い、などのときには体調が悪いことが考えられます。目に力がなくみえることもあります。

どこかに痛みがある、なにかの病気のために食欲不振で体力が衰えている、栄養バランスが崩れているなど、元気がないことにはいろいろな原因が考えられます。

具体的な異常があるわけではなくても、つねにシマリスの様子を見ている飼い主が「おかしいな」と思うときには、なにか問題が起きていることもあります。早めに診察を受けるようにしましょう。

飼育上達のポイント — 尿の採取

尿検査は健康状態を調べるために大切な検査のひとつです。人の尿試験紙でも簡単な検査はできますが、動物病院で調べてもらうのが安心です。動物病院で排尿するとは限らないので家で採尿しておきましょう。できるだけ新鮮なものを持参します。便などで汚染されていないものをタイミングよく採尿しましょう。

一例としては、シマリスをプラケースに移すと排尿することが多いので、すぐにスポイトや弁当用の醤油入れなどで吸い取る方法があります。プラケースに裏返したペットシーツを敷いておくと、きれいな尿を集めることができます。

The Squirrel　　　　　　Health care

脱毛

　脱毛もシマリスによくみられるもののひとつです。部分的に毛が抜けてハゲができたり、広い面積が薄毛になるなど、脱毛のしかたは原因によってさまざまです。脱毛の原因としては、代謝の異常やホルモンバランスの異常、タンパク質の不足など栄養バランスの問題が原因となることが多いようです。

　ほかには、細菌性のものや真菌、外部寄生虫が原因の脱毛もみられます。ストレスによって自分で毛をむしることもあります。

　脱毛がみられても、それがすぐに命の危機につながるわけではないことがほとんどですが、なにかのバランスが崩れているから脱毛するので、動物病院で診察を受けるとともに、飼育環境を見直すことも必要です。

　特に、日照時間が適切などうかはチェックすべき大切なポイントです。昼間は明るく、夜は暗くなっているか確認しましょう。

しっぽのトラブル

　シマリスのしっぽは毛で覆われているのが正常です。漫画などに描かれているようにつねに膨らんではいませんが、警戒しているときなどには毛が立ち、膨らんで見えます。

　ところが、しっぽの毛が抜けてしまい、ネズミのしっぽのようになることがあります。脱毛と同じように代謝の異常や真菌性など、いろいろな原因があります。一度、動物病院で検査を受けておくといいでしょう。

　しっぽに傷やかゆみなどの違和感があったり、強いストレスがあるときに、自分でかじってしまうことがあります。根元までかじったり、手足にも及ぶことがあるので、おかしいなと思ったらすぐに動物病院に連れていってください。

　しっぽをつかむと切れやすいので注意してください。毛のついた皮膚が骨からすっぽりと抜けてしまうこともあります。

しっぽが切れたら

　もし家庭でしっぽが切れたり皮膚と毛がが抜ける事故があったら、傷からの感染や、暴れて出血がひどくなることを防ぐために、シマリスをきれいなプラケースに入れてください。それから動物病院に連れていって治療してもらいましょう。

足を引きずる

　後ろ足を引きずっていたり、足をつかないようにして歩いているときに考えられるのは、骨折などのケガをしているのではないかということです。

　落下事故や、人が踏んでしまう、また、カーペットなどにひっかけた爪を外そうと暴れることもケガの原因になります。動物病院で診察を受け、必要な処置を受けましょう。手術をすることもありますし、行動を制限することで自然治癒を待つこともあります。脊椎も痛めていると、下半身麻痺になるおそれもありますから、ケガをさせないよう十分に注意してください。

　代謝の異常によって骨の変性が起きるケースもあります（くる病や骨軟化症）。栄養バランスのいい食事を与え、運動をしっかりしさせ、日当たりのいい部屋で飼うようにすることで予防できます。

目やに

　目やには、結膜炎や角膜炎などの目の病気があるときにみられます。爪が伸びすぎていると、前足で顔をグルーミングするときに目を傷つけたり、床材の細かなほこりが目に入り、気にしてこすることで目を傷つけたりします。

　また、歯の病気も目に影響します。シマリスの切歯の歯根は長く、上顎切歯の歯根は眼球のそばまで伸びています。オドントーマという歯根に起こる病気が原因で目やにがでることがあります（ほかには鼻水など）。

　目やには、全身状態が悪いときによくみられます。そのほかにも「食欲がない」「元気がない」などの症状は多くの病気でみられるものです。出血や下痢といったはっきりとした症状がみられなくても、早めに診察を受けるようにしてください。

飼育上達のポイント　飼育環境を見てもらおう

　動物病院に初めて行くときは、普段どんな飼育環境で飼っているのかわかるものをもっていきましょう。ケージごと持っていくのは大変ですから、写真を撮ったり、動画を見てもらうのもいい方法です。ケージだけでなく、置いてある場所、遊ばせている部屋の様子なども撮っておき、必要に応じて先生に見てもらいましょう。

　「ケージごと持ってきてください」という動物病院もあります。その場合、移動時は不安定で危険なので、シマリスはケージからキャリーケースに移して連れていくようにしましょう。

The Squirrel　　　　　Health care

できもの

体にできものや腫れ物ができることがあります。膿がたまったものを「膿瘍（のうよう）」といいます。傷口から細菌感染して膿んだり、歯根の炎症によって膿瘍ができたりします。歯根膿瘍があると、頬袋は空なのに頬が膨らんでみえることがあります。

できものには「腫瘍（しゅよう）」もあります。良性腫瘍と悪性腫瘍（いわゆる「がん」）があります。外科的に切除する、抗がん剤を行うなど、腫瘍の種類やできる場所によって治療方法はさまざまです。治癒の可能性が高いものもあれば、厳しいケースもあります。腫瘍だと診断されたら、治療方法の種類やリスクなどを先生によく聞き、飼い主としてどうしたいのかを考えて決めましょう。

できものの正体を知るためには診察が必要ですから、気がついたらすぐに動物病院で診察を受けてください。

かゆがる

シマリスが体中をていねいに毛づくろいをするのは正常な行動です。しかし、落ち着きなく、しつこく体を掻いているときには注意が必要です。毛が抜ける、フケが出るなどの症状もみられたり、血が出るほど掻いているのは正常ではありません。

シマリスにもノミやダニ、シラミなどがつくことがあります。毛にすみつくものや、皮下にトンネルを掘ってすみつくものなどもあり、皮下にすみつくタイプだと特に激しいかゆみがあります。犬や猫に用いるダニ駆除剤がありますが、勝手な判断で使ったりせず、必ず動物病院で診察を受け、先生の指示に従ってください。

これらの外部寄生虫以外では、皮膚炎を起こしているとかゆがりますし、針葉樹の床材がアレルギーの原因になってかゆがることもあります。

犬や猫のノミは寄生するの？

猫に寄生するネコノミは、人や犬、うさぎにも寄生することが知られています。シマリスに寄生する可能性がまったくないとはいえないので、ノミが寄生している犬や猫と接触させないことはもちろん、同じ部屋での飼育も避けましょう。

人と動物の共通感染症

「人と動物の共通感染症」とは、人と動物との間で感染する可能性のある病気にのことをいいます。有名なものには、狂犬病やＢＳＥ、オウム病などがあります。

シマリスの場合、実際に起こりやすいのは真菌症です。カビの一種である真菌の感染で起こる皮膚の病気で、脱毛や色素沈着などがみられます。健康で免疫力が強ければ発症しにくいですが、環境の悪化やストレスがあると発症しやすくなります。

真菌症を発症しているシマリスに触ることで人にも感染し、体調が悪いと発症します。患部が円形に赤くなったりします。

人と動物の共通感染症を予防するためには、正しい知識をもって適切に接することが大切です。節度をもった接し方をしていれば、不安になることはありません

【共通感染症の感染を防ぐには】
- □ 衛生的で適切な飼育環境で飼い、いつもシマリスが健康でいられるようにしましょう。
- □ ケージを置いている部屋の掃除や換気をこまめに行いましょう。
- □ シマリスの具合が悪いときは動物病院で治療を受けましょう。
- □ 世話のあとはよく手を洗いましょう。
- □ キスしたり、一緒に寝るなどの密接なコミュニケーションは避けましょう。
- □ 自分自身が元気でいられるよう健康管理に注意しましょう。

飼育上達のポイント　看護をするとき

シマリスが病気になったときには、家庭での看護が必要になります。かかりつけの先生と相談をしながら、よい看護の環境を作りましょう。

★鼻水・穏やかな環境づくり

病気のときは体力も落ちて、いつもなら気にならない騒音や温度変化が大きな負担になることがあります。穏やかにすごせる環境を整えましょう。必要に応じて、ケージではなくプラケースタイプの飼育容器を使ったり、ケージにブランケットなどをかけたりします。

★運動

どんな病気かによって対応は異なりますので、かかりつけの先生に注意点を聞いてみましょう。

★温度管理

ペットヒーターなどを使って暖かな環境にしてあげてください。体温を維持するのには体力が必要です。

★食事

食欲がないときや、歯をうまく使えないときは、食べやすいものや柔らかくした食べ物なども用意しましょう。

知っておきたい、ペットロスのこと

悲しいことですが、動物の命は永遠ではなく、いつの日かお別れの日がきます。

ペットを亡くす体験のことを「ペットロス」といいます。ペットを亡くして悲しむことを「ペットロスになった」などと病気のようにいうことがありますが、ペットロスは病気ではありません。動物を飼っていれば誰もが体験することです。

悲しみの質や深さは人それぞれです。すぐに立ち直るのが冷たいわけではないですし、ずっと涙が止まらないのがおかしいわけでもありません。それぞれのかたちで亡くした動物を悼めばいいのです。かかる時間はそれぞれですが、いつかは笑顔で動物との思い出をなつかしめるときがくるでしょう。それまでは、泣きたいときは泣けばいいのです。決して異常なことではありません。

ペットロスが深刻なものになる可能性があるのは、お別れに後悔が残るときです。シマリスが病気になったとき、治療に際して納得のいく選択ができなかったりすると、「どうしてあのとき…」という思いが残ります。治療を受けるときには納得のいくまで説明を受けるようにしてほしいと思います。そして、シマリスと飼い主本人にとってどうするのが一番いいのかを、飼い主が一生懸命に考えて選んだ選択は、決して間違っていないはずです。

また、「たかがシマリスが死んだくらいで」などと言われたりして、自分が悲しんでいるのがおかしいのではないか、と考えてしまうことがあります。愛する動物を失って悲しむ気持ちには、体の大きさも、寿命も、値段も関係ありません。決して「たかが」などということはありません。

これからシマリスとの幸せな暮らしを始める方たちが読んでくださるだろうこの書籍でペットロスについて取り上げていいんだろうかとためらいもありました。しかし、だからこそ、「後悔を残さないで」と伝えるべきだと考えました。

お別れの日のことは、必要になるまで心の奥のほうにしまっておいてください。そして、楽しい毎日をどんどん積み重ねていきましょう。あなたのシマリスをうんと幸せにしてあげてくださいね。

Q & A

The Squirrel
I'd like to know more

chapter 7
もっと知りたいQ&A

The Squirrel　　　Q & A

Q ダイエットの方法は？

A 無理せず、質を見直そう

平均的なシマリスの体重は90〜120g程度ですが、大柄なシマリスならもっと重い子もいるでしょうし、小柄な子の体重は軽めです。人の場合にも、身長が高かったり筋肉質なら体重が重いのと同じことです。肥満かどうかの判断は、体重の数字だけでなく、肉付きを見てみましょう。お腹や首周り、腕の付け根にぜい肉がついていたり、背中をなでても背骨のゴツゴツがわからないくらい皮下脂肪がついているのは太りすぎです。

肥満になると毛づくろいがうまくできず、皮膚や毛をきれいに保てなくなりますし、心臓や関節などへの負担もかかります。免疫力も低下するなど、問題点は多々あります。

太りすぎているなら、まずは食事内容を見直してみてください。果物、クッキータイプのおやつ、ヒマワリの種など、糖分や脂肪分の多い食べ物ばかりたくさん与えているケースがあります。カナリーシードや麻の実も脂肪分の多い食べ物のひとつです。

食べ物の量を急激に減らすのはよくありません。徐々に質を変えていきましょう。糖分や脂肪分の多いものを減らしつつ、野菜を増やしたり、アワやキビなどの雑穀（小鳥用配合飼料として単品で売っています）を増やしていきます。うさぎなどの草食動物用の自然食材のおやつも、メニューに加えることができるでしょう。

運動量が少なすぎることも太りすぎの原因になります。ケージの広さは十分か、活発に動きまわるための遊びグッズは備えてあるか確認してください。

体力の余裕をもつためにも、やせすぎているのもよくありません。がっちりと筋肉質なのが、健康的な体型です。

Q 子どもにも飼えますか？

A 保護者の監督が必須です

　すばしこくてかわいらしいシマリスは子どもたちにも人気があります。また、生き物を大切にする気持ちを育んでほしいという思いから、子どもたちに動物の世話をさせたいという親御さんもいることと思います。小さな体でも同じ命があることや、毎日、世話をしなければならないこと、そして命には限りがあることも教えてくれる動物を飼うことは、子どもたちに大切なことをたくさん教えてくれるでしょう。しかし動物は情操教育のための道具ではないのだということも理解しておく必要があります。

　シマリスが子どもに向いているペットかといえば、動きは早いですし、秋冬に気が荒くなる個体も多く、あまり子ども向きとはいえません。飼育には、保護者の監督や主導が欠かせません。

　毎日の世話を一緒に行いながら、子どもにできることは手伝わせてみましょう。遊ばせるときには、乱暴に触ってはいけないことや、部屋で遊ばせているときに走り回ったりしてはいけないことなどを教えましょう。シマリスが病気になったときには、熱心に看護する大人の姿から、子どもたちが学ぶことも多いことと思います。

　世話をしたり、遊ぶ前後には手を洗うことも約束事にしましょう。決して「動物が汚いから」ではなく、お互いのためだと教えてください。

　シマリスは、小動物のなかでは寿命も短いほうではありません。小学１年生の子どもが高校生になるくらいまで一緒につきあってくれることもあります。飽きずにずっと世話をし、大切な友だちでいられるよう、保護者の方が導いてあげてください。

The Squirrel　Q&A

Q 同じ行動を繰り返していますが？

A ストレスを回避する方法です

シマリスがケージの中で同じ行動を何度も繰り返しているのを見ることがあります。

そのひとつが、後方回転をするジャンプ（バック転）です。ずっとバック転を繰り返している姿は家庭だけでなく、ペットショップにいるシマリスでもよくみられます。

もうひとつよく見られるのが、反復横跳びをするように左右に動き続ける行動です。

おそらく野生のシマリスはこういう行動をすることはなく、ペットのシマリス特有の動きだと思われます。これにはどういう意味があるのでしょう。運動不足を自ら解消しようとしているのでしょうか。

このように同じ行動を何度も繰り返すのを、常同行動といいます。

動物園で、クマやトラがケージ内の同じところを行ったり来たりしているのを見たことがないでしょうか。あれも常同行動です。飼育下の動物の常同行動は、狭く退屈な飼育施設などで強いストレスを感じていたり、思うようにならないことがあるときなどにみられる葛藤行動というものです。最近の動物園では、本来の行動ができるように工夫された展示も多く、そのような環境では常同行動はあまりみられないかと思います。

シマリスのバック転や反復運動も常同行動のひとつだと思われます。飼育環境を見直しましょう。ただし、一度癖がついてしまうと、広いケージに変えてもやることもあるようです。

ストレスを発散する行動には、自分のしっぽや手足、体の毛を抜いたり、かじったりする自咬症もあります。発症するとシマリスも人も辛い思いをするので、よりよい環境づくりを心がけてください。

Q レタスはあげたらだめなの？

A 多くなければOK

よく「レタスはあげてはいけない」といわれることがあります。水分が多いことや、それほど栄養価が高くないことなどが理由でしょう。レタスばかりをたくさん与えれば、お腹の調子もおかしくなるでしょうし、栄養バランスもよくありません。

ただし、あげてはいけないというものではありません。食べてくれるものが多いのはいいことなので、レタスが好物なら少しくらいあげても問題ありません。食欲がないときなどには、食べてくれるものが多いにはいいことです。なお、レタスの仲間の中では、いわゆるレタスよりもサラダ菜やサニーレタスのほうが栄養価が高い種類です。

飼育書には、すべての与えていいもの、与えてはいけないものが書いてあるわけではないので、「○○は書いていないけど、どうなんだろう？」と思うこともあるかもしれません。そのような食材に出会ったときには、毒性はないのか？　ほかにもあげている人がいて問題は起きていないのか？　人が食べるときにアク抜きなどの下処理が必要なものではないのか？　などの点を考えてみてください。定番の食材でも同様ですが、最初は少しだけ与えるようにしましょう。

Q 給水ボトルの使い方を教えるには？

A 水が出ることを教えてあげて

水を与えるには給水ボトルが衛生的でおすすめです。給水ボトルのノズルの先から水が出るのだということがわかると、舐めたりしているうちに飲み方がわかるようになるものです。ノズルの先をつついて先端に水がついている状態にしてみてください。

興味を持ってくれないときには、先端に果物の汁などをつけ、においや味で誘導する方法もあります。

ノズルの位置が低すぎても高すぎても飲みにくいので、とりつける位置にも注意しましょう。

どうしても給水ボトルから飲まないときには、お皿で水を与えるようにしましょう。

The Squirrel　　　　　Q & A

Q 災害への備えはどうしたらいい？

A 避難グッズを用意して

　日本は自然災害の多い国です。東日本大震災では、多くのペットが飼い主と離れ離れになることを余儀なくされました。そのようなことから環境省では「災害時におけるペットの救護対策ガイドライン」を作成するなどし、災害時のペットの同行避難を推奨しています。こうした動きはまだ始まったばかりで、今のところは犬や猫が主な対象です。いずれにしても動物を飼っているなら、いざというときにどうしたらいいのかを日頃から考え、準備しておく必要があるでしょう。

　どこかに避難することを想定して、避難グッズを準備しておきましょう。シマリスを入れて移動するためのキャリーケースのほかに、折りたたみできる小さいケージ、食器や水入れ、新聞紙やペットシーツ、ウェットティッシュ、小さい寝床、防寒や目隠しにするフリースの布などの生活用品、動物病院の診察券や飼育日記なども持っていきます。

　シマリス用の食事は配給にならないので、最低でも1週間分くらいの食べ物を用意しておきましょう。準備した避難用の食べ物は定期的に新しいものに入れ替えてください。

　日頃から必ずやっておきたいのは、すぐにキャリーケースにシマリスを入れるトレーニングです（63ページ参照）。また、避難する必要がないとしても、大きな災害があると流通がストップすることがあります。万が一のときにしばらく購入しなくても大丈夫なように、フード類はいつも余裕をもって購入するようにしましょう。

　実際に避難するときには自分たちの避難グッズも持っていくことになります。避難所の場所の確認なども含め、シミュレーションしておくといいでしょう。

Q 止まり木は自作できる？

A 行動レパートリーを増やせます

市販の止まり木にもいろいろな種類がありますが、公園などで拾った木の枝や流木で止まり木を作るのも楽しいことと思います。私有地に落ちているものは必ず持ち主に許可を得るようにしてください。

安全な木の種類としては、ヤナギ、カシワ、クヌギ、クリ、ケヤキなどがあります。農薬などを散布していないことを確認しましょう。樹皮がついているものだとかじったりすることもあり、行動レパートリーを増やせます。また、そのことによって爪の伸びすぎを予防することもできます。

拾ってきた木の枝は煮沸するのがベスト。無理なら水に漬けて、中にいる虫を退治し、よく乾かしてください。

枝の一方にボルトとナットをつければ、ケージの金網にとりつけることもできます。インコ用おもちゃを参考にして、短い枝を組み合わせた遊具を作るのもいいでしょう。安全なものを作ってください。

おもちゃ類の種類が多いのはいいことです。一度にたくさんケージの中に入れるのではなく、時々、目新しいおもちゃを入れると、「どうやって使うのかな？」と考えるので、よい生活の刺激になるでしょう。

Q サプリメントはあげたほうがいい？

A あくまでも補助として

まずは基本的な飼い方をきちんとすることによってシマリスの健康を維持することが一番です。調子が悪そうだからサプリメントを、と考える前に、環境や食生活、接し方などを見直しましょう。

そのうえで、体調を崩しやすい子や高齢の子、季節の変わり目や環境変化があったときなどに補助的にサプリメントを使うといいのではないでしょうか。かかりつけの先生にも相談してみるといいでしょう。

サプリメントには、免疫力を高めるものをはじめ、とても多くの種類があり、安全性や有効性はさまざまです。十分に調べてから使うようにしてください。

The Squirrel　　Q&A

Q ほかの動物と一緒に飼える？

A どんな動物でも接触は避けて

● 肉食動物

シマリスにとって犬や猫、フェレット、猛禽類などの肉食動物は天敵です。彼らにとってシマリスは獲物として狩りの対象です。仲よくするのはごくまれなことです。

犬や猫などの肉食動物とシマリスは、できればまったく別の空間で飼ってください。シマリスからすれば、つねに自分を狙う天敵がそばにいるのでは気が休まることがありません。ストレスもたまることでしょう。

犬や猫たちの気持ちも考えてあげましょう。「攻撃してはダメ」としつけをすることは可能ですが、本能をおさえなくてはならないので、彼らにとってもストレスです。

● 小動物

ハムスターやモルモット、うさぎ、小鳥などの動物たちは、肉食動物ではありませんし、シマリスと同じように獲物にされるほうの立場です。

ケージを並べて飼う分には、問題はありません。シマリスが賑やかに活動している時間には夜行性のハムスターは寝ていたり、逆にハムスターが夜、回し車を回しているときはシマリスは寝ているなど、生活時間帯が異なるケースもあるので、お互いが気にしていないかの様子を見ることは必要です。

しかし、一緒に遊ばせるのはやめておきましょう。実際に、シマリスがハムスターにケガをさせるという事故は起きています。

当然、一緒のケージで飼うようなこともしないでください。適した環境や食事は違いますし、ケンカになることもあるでしょう。また、病気の感染という心配もあります。ある動物では問題がない病原菌でも、ほかの動物には悪さをする可能性もあるからです。

Q 繁殖をさせたいです

A 命を生み出す責任をもって

動物の繁殖に立ち会うのはとても神秘的であり、感動的です。小さなシマリスの赤ちゃんが成長していく様子や、母シマリスが一生懸命に子育てをする様子を見ることは、貴重な経験になるでしょう。

しかし、新しい命を生み出すという大きな責任もあります。飼育下での繁殖は、飼い主が意図的にオスとメスを一緒にしなければ不可能だからです。シマリスを飼い始めたばかりの方は、まず、迎えた1匹を最後まできちんと飼い、さまざまな経験を積んでから繁殖のことを考えていただきたいと思います。

外来生物を繁殖させる責任も十分に考えなくてはなりません（17ページ参照）。

ここでは参考までに、繁殖に関わる基礎的なことについてご説明します。

● 繁殖生理

シマリスの繁殖シーズンは年に1回、春です（北海道のエゾシマリスでは4〜5月が交尾シーズン）。オスもメスも、生まれた年の翌春には大人になり、繁殖可能です。

春になるとオスは精巣が発達し、交尾可能になります。メスはおよそ13〜14日周期で1〜3日の発情期間があります。発情期独特の鳴き声をあげ、生殖器が肥大します。単独生活をするシマリスですが、このときだけはオスを受け入れます。

妊娠期間は約30日で、3〜5匹ほどの赤ちゃんを生みます。赤ちゃんの体重はわずか3gほどです。目も開いておらず、体には毛も生えていません。子育てはメスだけが行い、オスが子育てに関与することはありません。

母親は巣穴の中で、母乳を飲ませながら子どもたちを育てます。生後30日くらいで目が開き、生後60日くらいで離乳します。

The Squirrel　　　Q & A

Q 粉薬をどうやって飲ませるの？

A 好物などに混ぜて

粉薬は好物に混ぜて与えましょう。錠剤の場合には、ピルクラッシャーなどで粉状にするといいでしょう。粉末を混ぜられるもの、たとえば、すりおろしたリンゴ、ふかしてつぶしたサツマイモ、ヨーグルト、ペットミルク、100％果汁のジュースや、フルーツスプレッドなどを使い、薬を混ぜて与えます。

動物病院で処方された薬は、規定量と回数、きちんと与えましょう。どうしても飲んでくれないときには、飲み薬ではなく注射にするなどの方法もあるので、かかりつけの先生に相談してください。効果がないように思えるときや副作用がみられたときも、まずは相談しましょう。

Q 高齢でケージから落ちることがあります

A プラケースタイプの使用も考えて

高齢になって筋力が衰えてきたり、なにかの病気で後ろ足が麻痺していたりする場合には、ケージでの飼育は危険です。登ったもののうまく降りられずに落下することがあるからです。レイアウトを工夫し、ケガを防ぐようにしてください（86ページ参照）。

このような場合には、プラケースタイプの飼育容器で飼うことを考えましょう。移動用に一時的に使うような狭いものではなく、十分な広さのあるものを使いましょう。ハリネズミ用やモルモット用に、広さのあるものが市販されています。上下運動はできませんが、底面積があるので動きまわることはできます。リクガメやトカゲ用のアクリルケースやガラス水槽を使うこともできますが、ガラス水槽は重いので注意してください。

無理をさせることはありませんが、筋力を保つためには体を動かす機会も必要です。シェルターやトンネルタイプのおもちゃを置いたりするといいでしょう。

ケージ側面に取り付ける給水ボトルから、床に置くタイプに変更するなど、環境変化は大きいので、プラケースタイプの中で遊ぶ機会を作るなど、完全に引っ越す前に慣らしておくといいかもしれません。

Q シマリスの年齢、人間でいうと？

A　1歳で大人になります

何年たっても見た目がかわいいので、いつまでも若いような気がしてしまいますが、シマリスも年をとっていきます。「人間だと何歳？」と考えるとイメージがつかみやすいかもしれません。

代謝や成長速度などは違うので、厳密な比較にはなりませんが、飼育管理にあたっての目安にするため、シマリスと人間の年齢を比較してみましょう。

- シマリス＝生後2ヶ月　人間＝1歳
（離乳する時期）
- シマリス＝1歳　人間＝12～20歳
（子どもを作れる時期）
- シマリス＝2～3歳　人間＝20～30代
（生涯のうち最も活気のある時期）
- シマリス＝4～5歳　人間＝40～50代
（体力が衰えつつある時期）
- シマリス＝6～7歳　人間＝60～70代
（老化が目立つ時期）
- シマリス＝7～8歳　人間＝70～80代
（はっきりと高齢期に入る）
- シマリス＝8歳～10歳　人間＝80～90代
（かなりの高齢期）
- シマリス＝11～12歳以上　人間＝90～100代
（ご長寿期）

長生きできるか、また、何歳くらいまで元気でいてくれるかは、個体差が大きいものです。もともと持って生まれた健康状態や基礎体力に加え、適切な飼い方をすることによって健康の貯金ができれば、長生きも可能になるでしょう。

この目安も参考にしつつ、年齢ごとによりよい飼い方を目指しましょう。

The Squirrel　　　Q & A

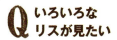 いろいろなリスが見たい

可能なら野生リスの観察を

全国各地のリス園や動物園では、いろいろなリスに出会うことができます。広い飼育施設で飼われているなら、素早く走り回るリスを見ることができ、どれほど運動能力が優れているか納得がいくことでしょう。ニホンリスやキタリスやタイワンリスなどの大型リスが飼われている施設が多いようです。

シマリスを飼おうと思うなら、広い飼育施設でシマリスが飼われている様子を見ておくと、広いケージが必要なのだということなどもよくわかることでしょう。飼育担当の方が近くにいたら、どんな工夫をしているのか聞いてみるのもいいでしょう。

日本の野生下にいるリスたちにも目を向けてみてください。可能なら、実際に野生のリスが生息する場所に行って、どんなところに暮らしているのかを感じてください。日本には、北海道にエゾシマリスとエゾリスが、本州・四国・九州にニホンリスが暮らしていま

す。各地のビジターセンターで情報収集することができます。各地で開催されている自然観察会に参加するのもいいでしょう。

もし野生のリスと遭遇できたら、どんな行動をし、どんな仕草をしているか観察してください。エゾシマリスの暮らす場所のひんやりした空気を感じたら、家で暮らすシマリスにも涼しい環境が必要なのだと肌で感じることもできるでしょう。

なお、自然観察をするなら、慣れている人と一緒に行くなど事故のないようにしてください。近くに来てほしいからと餌付けするようなことは決してしないでください。

謝辞

かわいいシマリスたちの写真をご提供いただきました。
ありがとうございました。

(敬称略・順不同)

nori3776＆おかず君	和々子＆ぐり・ぐら
ゆきんこ＆リッキー	りす仔＆タップ・こつぶ
やまむら＆小太郎	中村綾＆ピノ
ムームー＆モモ	naomi＆姫
ひろこ＆しっぽ・くるみ・ほっぺ	森脇優美＆プラム
ミュレット＆テオ・レオ	竹原＆スー
satomi＆グリ・グラ	おもだか＆ヴェクサシオン・エストレリャ
榮＆ポニー	田中涼子・正敏＆サタデー
ひでぼん＆たーぼ	名村義信＆Jam
さくら＆かりん	しろくま3＆テト・ノットくん・フィル

参考資料

「冬眠する哺乳類」東京大学出版会

「ザ・リス」誠文堂新光社

「アニファブックス　リス」スタジオ・エス

「リス　樹の上のやんちゃ坊主」自由国民社

「ペットの死、その時あなたは」三省堂

Animal Diversity Web（Tamias_sibiricus）
http://animaldiversity.org/accounts/Tamias_sibiricus/

環境省・動物愛護管理法
http://www.env.go.jp/nature/dobutsu/aigo/1_law/index.htm

環境省・外来生物法
http://www.env.go.jp/nature/intro/index.html

著者
大野 瑞絵（おおの みずえ）

東京生まれ。動物ライター。「動物をちゃんと飼う、ちゃんと飼えば動物は幸せ、動物が幸せになってはじめて飼い主さんも幸せ」をモットーに活動中。著書に『ザ・リス』『小動物ビギナーズガイド リス』（小社刊）、『うさぎと仲よく暮らす本』（新星出版社刊）など多数。1級愛玩動物飼養管理士、ペット栄養管理士、ヒトと動物の関係学会会員。

写真
井川 俊彦（いがわ としひこ）

東京生まれ。東京写真専門学校報道写真科卒業後、フリーカメラマンとなる。1級愛玩動物飼養管理士。犬や猫、うさぎ、ハムスター、小鳥などのコンパニオン・アニマルを撮り始めて20年以上。写真担当の既刊本は『新 うさぎの品種大図鑑』『ザ・リス』『ザ・ネズミ』（小社刊）、『図鑑NEO どうぶつ・ペットシール』（小学館）など多数。

デザイン・イラスト
Imperfect（竹口 太朗、平田 美咲）

撮影協力
ドキドキペットくん、ピュア☆アニマル、中村洋美、町田リス園

画像提供
三晃商会、HOEI、日本動物薬品

住まい、食べ物、接し方、病気のことがすぐわかる！

リス

NDC488.75

2015年2月16日 発行

著 者	大野 瑞絵
発行者	小川 雄一
発行所	株式会社 誠文堂新光社
	〒113-0033　東京都文京区本郷3-3-11
	（編集）電話：03-5800-5776
	（販売）電話：03-5800-5780
	http://www.seibundo-shinkosha.net/
印刷所	株式会社 大熊整美堂
製本所	和光堂 株式会社

©2015, Mizue Ohno.　　　Printed in Japan　　　検印省略
（本書掲載記事の無断転用を禁じます）
落丁・乱丁本はお取り替えいたします。

本書のコピー、スキャン、デジタル化等の無断複製は、著作権法上での例外を除き、禁じられています。本書を代行業者等の第三者に依頼してスキャンやデジタル化することは、たとえ個人や家庭内での利用であっても著作権法上認められません。

R〈日本複製権センター委託出版物〉
本書を無断で複写複製（コピー）することは、著作権法上での例外を除き、禁じられています。本書をコピーされる場合は、事前に日本複製権センター（JRRC）の許諾を受けてください。
JRRC（http://www.jrrc.or.jp　E-mail：jrrc_info@jrrc.or.jp　電話：03-3401-2382）

ISBN978-4-416-61511-9